U0299531

我的好奇心橱柜

CABINET OF CURIOSITIES

Collecting and Understanding the Wonders of the Natural World

[美] 戈登·格赖斯 著　陈阳 译

中信出版集团 · 北京

图书在版编目（CIP）数据

我的好奇心橱柜 / (美) 戈登·格赖斯著；陈阳译
. -- 北京：中信出版社，2017.4
书名原文：Cabinet of Curiosities
ISBN 978-7-5086-7337-0

Ⅰ.①我… Ⅱ.①戈… ②陈… Ⅲ.①自然科学－普
及读物 Ⅳ.①N49

中国版本图书馆CIP数据核字（2017）第045262号

First published in the United States under the title:
CABINET OF CURIOSITIES: Collecting and Understanding the Wonders of the Natural World
Copyright © 2015 by Gordon Grice
For additional photo and art credits, please see Appendix A,
which constitutes a continuation of the copyright page.
Published by arrangement with Workman Publishing Company, New York.

Cover design by Raquel Jaramillo and Colleen AF Venable
Interior design by Raquel Jaramillo and Gordon Whiteside
Front cover photo by Raquel Jaramillo
Back cover photos: Picsfive/Shutterstock.com (vintage papers);
Bertrand Benoit/CGtextures (wood background); Dover Publications, Inc. (octopus and beetle)
Photo research by Raquel Jaramillo

我的好奇心橱柜

著　　者：[美] 戈登·格赖斯
译　　者：陈　阳
策　　划：北京全景地理书业有限公司
出版发行：中信出版集团股份有限公司
　　　　　（北京市朝阳区惠新东街甲4号富盛大厦2座 邮编 100029）
承 印 者：北京利丰雅高长城印刷有限公司
制　　版：北京美光设计制版有限公司

开　　本：710mm×1000mm 1/16　　　印　　张：14.75　　　字　　数：125千字
版　　次：2017年4月第1版　　　　　印　　次：2017年4月第1次印刷
京权图字：01-2017-0890　　　　　　广告经营许可证：京朝工商广字第8087号
书　　号：ISBN 978-7-5086-7337-0
定　　价：78.00 元

目 录

我的第一个橱柜

六岁时，我有了属于自己的第一个好奇心橱柜。那时，我在家里的后院找到了一块臭鼬头骨，它成为我放进好奇心橱柜的第一件收藏品。在我手里的这块完美的臭鼬头骨上有小小的尖牙，我惊讶地发现它们和我的狗所长的长且呈锯齿状的犬齿一样。头骨上还附生着臭鼬的皮毛——黑色的额头中央有一条白色纵纹。没有了嘴唇的头骨看起来就像是在龇牙咆哮。

我把这块头骨放在爸爸给我的红色雪茄盒里——一个有铰链盖的坚固纸盒。很快我就拿它来装我收集到的各种各样的东西，从古币到玉米芯。

几年后，我的雪茄盒里增添了很多收藏品。有一天，我家的狗狗们回来时，嘴和鼻子上满是豪猪刺。它们跟豪猪打了一架，但是打输了。爸爸用镊子将它们身上的豪猪刺取出来给了我。这些豪猪刺和牙签差不多大，质地很像我们的指甲。它们被我收进了雪茄盒。还有一次，我和姐姐找到了一

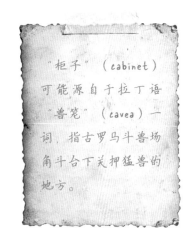

"柜子"（cabinet）可能源自于拉丁语"兽笼"（cavea）一词，指古罗马斗兽场角斗台下关押猛兽的地方。

种被称作"魔鬼爪"的木质种荚。我们把它们也放进了雪茄盒。后来，我的宠物狼蛛死了，它的归宿也是这个雪茄盒。

这个雪茄盒成了我的第一个好奇心橱柜，只是我当时没那么叫它，因为我后来才学到这个词。

探险时代的好奇心橱柜

人们收集东西的习惯已经有两千多年的历史。在古代，新奇之物被收藏在寺庙中。据说，在迦太基城的阿施塔特女神[1]庙里存放着很多奇怪的东西供人们参观，甚至还有黑猩猩的皮肤；锡安的阿斯克勒庇俄斯[2]神庙曾展览过鲸须；那不勒斯的一座寺庙收藏过大象头骨；古罗马的寺庙收集了大量来自全国的新奇之物，包括绘画作品、雕塑、珠宝和书籍（那时，书籍因为稀少而显得异常珍贵）。

很久之后，人们才开始将收集物放进一些特别制作的柜子里。现在，我们通常认为柜子是家具的一部分，比如橱柜、玩具柜、储物柜。基本上，任何一件有架子、抽屉和门的家具都可以被称为柜子。柜子这个词的起源可以追溯到中世纪时期，在那时的法国，柜子指的是"私人小房间"。后来，柜子指可以储存东西的任何物品，小如我的雪茄盒，大到一栋房子。实际上，有的建筑就起源于一些橱柜，并成为博物馆的基础。

从地理大发现时代开始，橱柜变得越来越受欢迎。15世纪早期～17世纪晚期，欧洲人航行到世界各地开展贸易，并试图收集新东西。从某种

---

1. 腓尼基人的掌管农业丰饶和人们生育的女神。——译者注
2. 希腊神话中的医神。——译者注

意义上来说，术语"大发现时代"是一种误导。其实，这个时期被发现的地方早在欧洲人来之前就已经被原住民发现了，但对欧洲人来说这些都是新地方。

欧洲人从这些地方带回一些贵重物品，如金、银和香料，以及一些稀奇的东西，如他们从没见过的动植物、矿石、化石和骨骼。一些欧洲人尤其是富人，收集这些稀罕物并建造橱柜保存它们。他们的目的并不仅仅是获得这些充满异国情调的新奇物品，更是为了了解大自然并向他人展示自己的所学。

那时，人们用橱柜储藏了很多东西：人头、马蹄钉、乐谱、陨石、鸟类标本、动物皮毛、果实、种子以及工具等。据说，鲁道夫二世收藏过一件渡渡鸟标本，另一个收藏家收藏了一枚鸵鸟卵，还有人收藏了他最喜欢的作曲家的头骨。不同大小的橱柜可以容纳数十到上百件"罕见而有趣之物"。

这件版画作品出自费兰特·佩拉托的《戴尔的自然历史》（那不勒斯，1599）。它描绘了欧洲最早的博物学收藏。

雅各布·赫夫纳格尔，1602~1613年在布拉格担任宫廷画家。这只渡渡鸟是他按照鲁道夫二世收藏的标本描绘的。渡渡鸟现已灭绝。

奥兰治的威廉王子[1]有个巨大的好奇心橱柜，他甚至在里面养了一只猩猩！

国王、教皇和其他有权势的人，都竭尽所能收集新奇之物。有时候，他们雇用船长从航行所经之地带回有趣的东西。这样一来，他们不仅可以收集到各种奇怪的动植物，还会收获从地层里挖出来的化石、宝石和其他有趣的岩石，有时候还能找到遥远地区原住民制作的碗、箭镞和缝制用的骨针。这些手工制品对他们来说非常罕见，因此不管是来自美国新部落还是非洲游牧民族的手工制品，都因来之不易而备受追捧。比比皆是的寻宝者不仅热衷于寻找真金白银，也会寻找珍稀文物卖给有钱的收藏家。

为了赚钱，有些寻宝者开始造假。他们把猴子和鱼各取一部分固定在一起，制造出"美人鱼"；或者给死老鼠粘上假的身体构件，号称是恐龙幼崽；又或是把利爪和蛇舌缝在黄貂鱼尸体上，做成蛇怪（神话中一种对人呼气就能杀死对方的怪物）。而收藏家们竟信以为真！

有时候，人们并不是故意伪造，而是误解了他们的收藏品。16世纪晚期，哈布斯堡的国王费迪南德说他的橱柜里收藏着真正的"巨人"骨头。结果，人们便相信人类史上曾有一个巨型种族出现过，他们因遭遇巨大的洪水而灭绝。其实，存放在费迪南德国王橱柜里的并不是巨人的骨头，而是货真价实的恐龙骨骼。

我们对自然的了解很多都来自好奇心橱柜的收藏。以化石挖掘为例。在为了丰富收藏而对成千上万的化石进行挖掘的过程中，人们发现了一些重要的现象：在不同地层中，化石的种类不同；那些看起来更现代的植物和海贝被存储在同一个地层；而在更深的地层里，人们又发现了不同种类的植物和贝类；越深的地层中埋藏着越古老的动物和植物遗迹。这些观察结果让科学家们发现地球已有几十亿年的历史，并仍在不断演化。他们在

---

1. 玛丽女王的荷兰籍夫婿，两人共同统治英国。——译者注

距今7 000万年前的地层[1]中找到了霸王龙和三角龙的骨骼化石,在距今1.5亿年前的地层中发现了剑龙和雷龙的骨骼化石。

医学的发展很大程度上也要归功于好奇心橱柜。许多收藏家不仅对生物学和解剖学感兴趣,也对人体生物学着迷。在他们的收藏品中满是头骨和人体骨架。也许现在看起来这个嗜好有点儿病态,但这是当时医生了解人体的一种方式。17世纪,荷兰著名的医生弗瑞德里克·鲁谢曾在学生和观众面前展示解剖过程,这让他们学到了医学基础知识。随后,他还将解剖后的人体骨架制作成装饰品收藏起来。

这是弗瑞德里克·鲁谢医生的解剖收藏品的立体画。这些立体模型通常来自人体的一部分。

1. 距今1.45亿~6 500万年的地层所对应的地质年代为白垩纪。——译者注

奥利·沃莫的好奇心橱柜（1588~1655）

奥利·沃莫是一位医生、艺术家和哲学家，也是一名教授拉丁语、希腊语、物理学和医学的老师。他定居在丹麦，但四处游历并与世界各地的人通信和交流。有时，与他通信的人会给他的橱柜寄一些收藏品，他便精心地将所有的收藏品画下来进行分类。沃莫先生的好奇心橱柜里存放着成千上万的鸟类、爬行类、鱼类、矿物标本和其他藏品。以下列举了他的收藏品中比较著名的几件。

- **鲨鱼标本** 沃莫用绳子把鲨鱼标本悬挂在天花板上。和其他动物标本一样，首先用一些木质工具从腹部的切口取出鲨鱼的内脏，然后填充锯末以保持其原来的形状。

- **鹿角** 有时他会连同头骨甚至整个头都挂在收藏室的墙上，有时就只挂上鹿角。

- **巨型龟壳** 这些龟有的长达1.2米、重达270千克，有的大到小孩都可以骑在上面。

- **锯鳐喙** 锯鳐的喙，也叫吻，形状像两侧刃上都布满锯齿的剑。锯鳐用它挑起藏在海底淤泥里的蛤蚌、鱼类和其他猎物。

- **鱿鱼**

- **硫磺矿**

- **雄性一角鲸头骨** 它有一根3米长的长牙，看起来很像一只角。没人知道这根长牙的作用。它可能是用来帮助一角鲸感觉水下的物体，也有可能是用来吸引雌性。人们曾认为这些长

牙是独角兽的。但沃莫先生不相信这个世界上存在独角兽，他证明了这些所谓的"独角兽的角"都来自一角鲸。

- **九带犰狳** 这是一种足球大小的哺乳动物，用坚韧的甲壳保护自己。夜幕降临后它才摇摇摆摆地出来活动，喜欢挖食虫子。

- **琵鹭** 这是一种涉禽，它用宽而扁的喙去舀食甲壳类动物。

博福特公爵夫人的植物标本集（1630~1714）

　　博福特公爵夫人玛丽·萨默塞特很喜欢园艺。她不仅栽种植物，还喜欢收集植物并将它们干燥后装订成册。虽然她生活在 17 世纪的英格兰，但她收藏的植物种类远超过英伦三岛。

　　她收集了大约 1 500 种来自印度、中国和南非的植物，并尽可能地把整株植物做成标本。以罗布麻为例。这是一种叶尖、白色小花成簇、有黏黏乳汁的植物。公爵夫人将罗布麻干燥并压平，以免乳汁使它腐烂。

　　当植株太大而无法被放进册子时，她就只保存其中的一部分。比如，由于爪瓣山柑的植株可以长、宽各达到 1 米，还拥有像指纹一样的厚叶片，于是她只在标本册里放了 4 根爪瓣山柑长满叶子的枝。这种把新鲜植物标本干燥并结集而成的册子，叫植物标本集。公爵夫人一生制作了 12 册巨大的植物标本集，去世后全部留给了汉斯·斯隆爵士。

汉斯·斯隆爵士的标本馆（1660~1753）

　　汉斯·斯隆爵士曾拥有世界上最大的好奇心橱柜之一。他于 1660 年出生在爱尔兰。在孩童时代，他就开始从大自然中采集标本。这让他对科学产生了浓厚的兴趣。成为一名医生后，他搬到了英格兰居住。在这期间他的收藏品仍在不断增加。据说，他有记录和分类完整的 5 843 种贝类标本。随后，他又通过自己购买或是从放心托付给他的捐赠人那儿接受的捐赠，开始收集其他人的收藏品。如何将这么多东西放进一个橱柜呢？实际上是放不下的。他有许多房间，这些房间里放着无数个橱柜。汉斯这些数不清的藏品在他去世后全部被捐赠给了国家。英国政府以这些收藏品为基础建造了英国国家博物馆，成为世界上最大的综合性博物馆之一。

曼弗雷·塞塔拉的好奇心橱柜（1600~1680）

　　曼弗雷·塞塔拉经常自己组装时钟、指南针和显微镜，所以他很喜欢收集精密仪器。他从父亲那里继承了一个好奇心橱柜，并用毕生的精力去丰富它。除了科学仪器，他还收集骨骼、岩石、武器、树叶标本、绘画作品等。在塞塔拉的好奇心橱柜中，有一个惊人的收藏。他认为这是一块陨石——太空碎片落到地球时没有烧尽的残渣。这块陨石从天而降，将一位在他家乡意大利米兰一所修道院的僧侣砸死。后来，塞塔拉把这颗曾经的"流星"收藏在了他的好奇心橱柜里。

文物和古玩的好奇心橱柜（1695 年至今）

　　为了给孤儿院的孩子们寻找合适的课堂道具，奥古斯特·赫曼·弗兰克（1663~1727）开始了自己的收集之旅。100 多年后，艺术家戈特弗里德·奥古斯特·格鲁德和一位博物学家一起将弗兰克的所有藏品进行了分类，并把它们放入橱柜中。孤儿院里的孩子们有的长大后成了传教士，他们会在外出时搜集珍品送回孤儿院。这种收集方式延续了几百年，直至今天。

特殊类型的好奇心橱柜

这么多年来，我的雪茄盒里增加了不少东西，包括昆虫、化石、贝壳、种子和其他我感兴趣的东西。但是我对自己收集的东西有些困惑，比如狼蛛最终在盒子里干裂成了碎片，不但腿掉了，身体也断裂成两半。除了螯肢，我把其余"惨不忍睹"的部分都扔掉了，只将那些完整的部分拿给我的朋友们观看。如果能早点儿知道蜘蛛的保存方法，我就可以更完好地保存狼蛛了！

随着收集品越来越多，我的雪茄盒已经放不下任何东西了。于是，我把房间里的一个大架子腾出来，用作"橱柜"，就这样一直使用了好长一段时间。现在，家里整个地下室的房间都成了我的好奇心橱柜。每当我找到一个蝉蜕或者我想研究的植物叶片时，我就会把它们带回家放在橱柜里。

我的大儿子也有属于他自己的橱柜，他把它叫作"不可思议之盒"。他喜欢把散步时发现的有趣的东西放进去，比如蛇蜕掉的皮、大松果、从

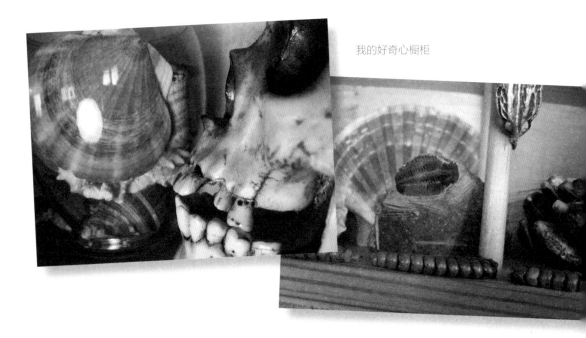

我的好奇心橱柜

车上掉下来的金属弹簧以及各种形状怪异的树皮。

重点是，每个人都可以并应该有个好奇心橱柜。你可以把自己喜欢的任何东西放进去。这是可以持续一辈子的"工程"，像我一直在地下室收集的那种橱柜一样；也可以是短期项目，比如我几年前收集的以"故乡"为主题的橱柜。

后来我再次回到故乡，计划收集一些能让我回想起童年的东西。比如：

· 蜘蛛卵囊
· 丝兰的种荚
· 红杉的树枝和它的蓝色球果
· 刺萼龙葵的已经干硬的浆果
· 一块长有苔藓的树皮
· 奶奶种的已经干燥的鸢尾叶子
· 螳螂卵鞘
· 蓟的花
· 一枝妈妈种的蔷薇
· 一根有新芽的榆树枝
· 响尾蛇的角质环（小时候我曾收藏过相似的物品）

我在回家的途中遇到了各种各样的动物和植物，但只挑选了符合"故乡"主题的东西放进橱柜中，因为它们最能代表我对故乡的回忆。比如，在我长大的地方生长着很多丝兰。丝兰有一丛又长又尖的叶子，像矛一样指向四面八方，用来保护自己不被动物吃掉。而丝兰的荚果则长在它的木质茎上。丝兰生长在干燥的地方，因此它们有发达的根系，能深入地下汲取水分。每个地方特定的温度、湿度和地形条件适合不同的动植物定居和生长，因此对我来说，丝兰就代表了家乡。

你可以将你的橱柜打造成任何你想要的类型，比如包含各种物品的博物型，或者单一物种型。你喜欢收集虫子还是骨头，花朵还是蝴蝶？你只想搜寻家附近的物品，还是想拥有其他地方的有趣的东西？又或者你只在橱柜里放自己喜欢的东西？这些全部都由你自己决定。

去哪儿为你的收藏品找个橱柜呢？

应该用什么样的橱柜取决于你的收藏品的大小。这里有一些例子：

渔具箱或者艺术家的储物盒　它们通常有金属或者塑料制成的小隔间。有些盒子关上时，小隔间会被收进抽屉里。

装螺钉、螺母和螺栓用的塑料盒　它们小小的隔间很适合放种子、岩石和其他小东西。

桌面收纳盒　几乎所有文具店都有这种方便抽出的托盘。如果你的藏品不多，可以只用一个；要是多的话就可以把几个并排挂在一起。

鞋盒　你可以把鞋盒盖剪成条状，粘进盒内做出分隔。如果上面有商标或文字，可以把它涂白或者用牛皮纸包上。

雪茄盒　我前面提到过，这是我的第一个好奇心橱柜。对大家来说也是不错的选择。

披萨盒　首先确保盒子已经被清理干净，然后用盖子或其他箱子的纸板来制作间隔。

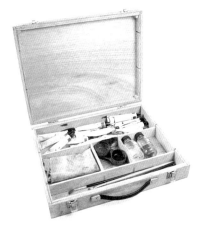

画家的工具箱 这些漂亮的有隔木箱子在工艺美术商店有售，它们通常是未经修饰的，所以你可以在上面发挥创意进行涂鸦。

图书馆的卡片目录柜 这些满是小抽屉的柜子总会让人想起最初的那些好奇心橱柜。

打印机或照排机的木盒 不久前，人们还在使用活字印刷术，通过变换金属字母小块的位置手工进行排版。这些字母块就放在照排机的大木盒里。自20世纪80年代人们开始使用电脑排版后，这种印刷术就不再使用了。打印机丢弃了这些木盒，但是你可以在古董和古玩店找到它们。如果你碰巧看到了，一定不要错过——这是最适合展示你的收藏品的工具。

DVD或CD的收藏架，甚至是小书架 如果你的藏品比较大，这是个不错的选择。好的工艺美术店都会有轻巧的轻木，你可以锯开它，自己制作间隔。

小木箱或者苏打瓶箱 农贸市场和水果摊都是找木箱的好地方，因为水果和蔬菜经常被装进这种木箱来进行运送。苏打瓶箱比较难找，因为这是几十年前用来存放饮料瓶的容器，但你依然可以在跳蚤市场和旧货店找到。把这些盒子在墙上一个挨一个地挂起来，将会是令人眼花缭乱的展览。鞋盒和纸板箱也会有一样的效果。如果你有很多面空墙和大件藏品，这将是一个绝佳的选择。

制作一个好奇心橱柜

如果你找不到照排机木盒或前面推荐的任一收集盒，你可以自己制作一个。这并不难，不需要用到锤子或刀锯，所需的材料也很容易在工艺美术店买到。

需要准备的材料：
- 30 厘米 ×60 厘米的油画板（一会儿要用到它的背面）
- 5 张 0.6 厘米 ×3.8 厘米 ×91 厘米的轻木面板
- 胶水（干掉后会变透明的那种）
- 剪刀或美工刀（使用时要小心）
- 直尺

2. 把木板长的那侧涂上胶水。

3. 轻轻地把木板垂直楔入两个竖框之间，用眼或直尺保证其水平放置。按压几分钟，等胶水凝固一点儿再松手。

4. 在架子和隔板接触的地方再涂一遍胶水。静置晾干。

5. 根据你想要的分隔层数，重复步骤 3。确保隔板间是相互水平的，并且全部垂直于两侧的框架。

6. 测量水平隔板间的距离，把垂直隔板加入橱柜。把轻木面板裁成合适的尺寸，涂上胶水竖直楔入。重复这个步骤直至橱柜的所有纵隔板都粘好。放置一晚，使胶水干透。

1. 测量油画板背框的宽度，这是你橱柜的框架。用剪刀或美工刀裁下 5 张轻木面板，制作横板。

7. 橱柜完成后，你可以保持它原有的自然色，也可以涂上你喜欢的颜色或者上漆。如果你要着色或上漆，记得先用砂纸把残胶打磨掉。

你可以从这本书里学到什么

首先，你可以学到如何保存收集物，不管是树叶还是蝴蝶。其次，我会给出一些寻宝建议。也许你不会用到这些建议，但这些想法能让你获得不少乐趣。当然，这本书不是建议清单，在这里，你可以发现这些物体是如何和自然界融为一体的。它们来自哪里，在哪里产卵，吃什么？当你试着去解答这些问题时，你就会看到世界上一切事物都是相互联系的。弄明白了这些联系，就能回答"科学是什么"这一问题。

科学是我们试图了解所生存的世界的尝试。科学家们试着观察、描述和鉴定他们发现的事物，深入探究，并构建理论去解释它们之间的关系。所有科学家都基于相同的规则工作。比如，他们的工作对象是客观信息而非个人观点。客观，是指所有被发现的信息都是可重复、可验证的。举例来说，如果有人说他发现了一种新的动物，他可能弄错了；但是如果有50个人都看到过这种动物，科学家会认为这条信息更有价值，因为已经被不同的人重复检验过。只有全世界的人都知道这种动物的存在，科学家才会认可这个新种。可重复性是关键。而这所有的一切都需要全神贯注的观察。橱柜对观察来说是很棒的工具，因为当你需要的时候，你就可以收集东西来仔细观察。重新检视你的藏品，可能会有不同于第一次遇到它时的惊喜：可能是微妙色型的贝壳，也可能是你拥有的某个头骨和刚发现的新头骨有一些相似之处。橱柜可以让你在不同的时间以不同的心情来观察同一个物体。你给它一个机会，它就能激发你的想象力。

我希望橱柜可以让你的好奇心走得更远。好奇心才是使之成为橱柜而不是杂物盒的不二法宝。

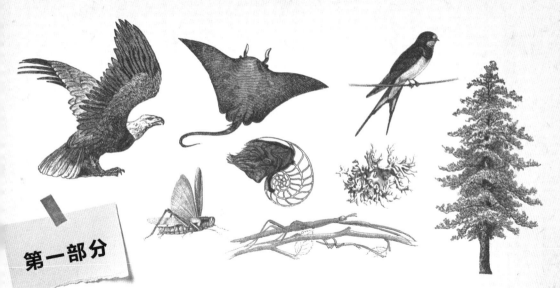

第一部分

把地球上的生物分类

第一章

怎样给生物分类

问： "山狮"和"美洲狮"这两个词有什么区别吗？

答： 没有区别。这是对同一种动物的不同叫法。

对各种生物的不同叫法常常令人感到困惑。比如，当读到阿根廷牧场的牛被一种叫作"蒂格雷"（tigre）的动物攻击的新闻时，你可能想到的是一只满身条纹的大型猫科动物，因为蒂格雷听起来很像英文单词"tiger"（虎）的发音。实际上，它指的是美洲豹——另一种大型猫科动物。这种动物呈琥珀色，全身布满斑点。

给生物命名（俗名）时，人们会赋予它们任何可以自圆其说的名字。例如，定居在阿巴拉契亚山脉的欧裔美国人把美洲狮叫作美洲豹，因为它看起来和旧大陆的美洲豹很像。不过他们并不担心会把这两种名字相同的动物混淆，因为在他们居住的新大陆地区只有一种叫作美洲豹的动物，也就是美洲狮。

但为了跟全世界的研究者准确无误地交流，科学家们使用了一套科学的命名体系——双名命名法，来更加精确地为生物命名。双名命名法是根据生物体的共同特征将其进行分组，并给该组命名的科学方法，由瑞典生物学家卡尔·林奈（1707~1778）发明并沿用至今。卡尔·林奈依据不同生物的特征和它们之间的相似性，制定了生物命名的标准，然后根据这个标准将生物归类到逐级缩小的集，从而实现对生物

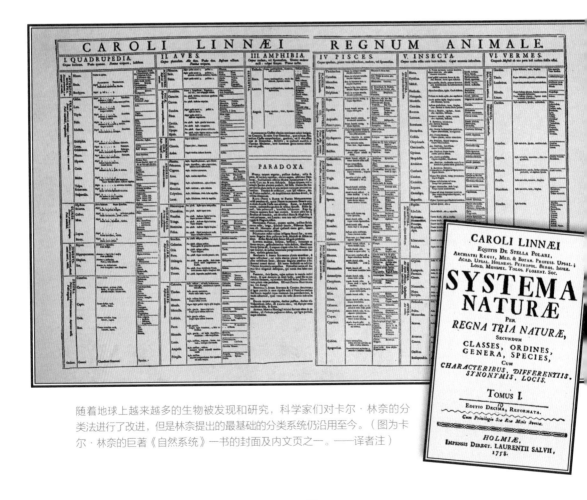

随着地球上越来越多的生物被发现和研究，科学家们对卡尔·林奈的分类法进行了改进，但是林奈提出的最基础的分类系统仍沿用至今。（图为卡尔·林奈的巨著《自然系统》一书的封面及内文页之一。——译者注）

的分类。他希望这套命名法可以被全世界的科学家理解，因此没有使用瑞典语、英语等语言，而是用拉丁语和希腊语这两种当时许多国家受过教育的人都通晓的古老语言来给生物命名。

之后，随着更多的不同生物之间的亲缘关系被发现和研究，科学家们对这个命名系统进行了改进。直到今天，生物分类系统仍在不断变化，新的生物体和生命形式也在不断被发现。但无论经历多少次修改，基本的分类系统仍然遵循着卡尔·林奈的生物分类标准和原则。

卡尔·林奈认为，自然界应划分为3个界——动物界、植物界和矿物界。虽然地球上的生命比这复杂得多，但这仍不失为整理好奇心橱柜的好方式，也是组织本书的好方法！

分类等级

这里我们介绍最基础的八大分类等级。虽然研究者们有时会在这些等级之间增加次级等级，但是目前主要使用的生物分类系统还是依据这八大分类等级。

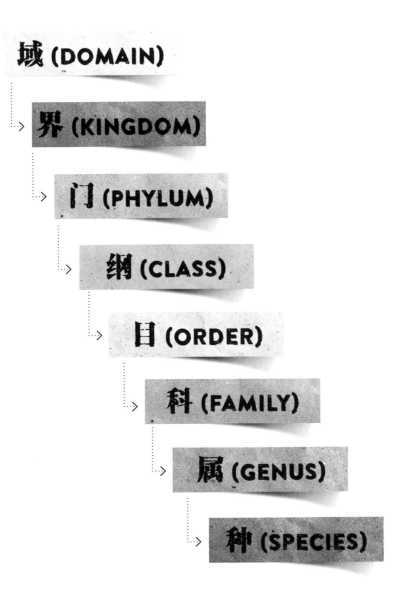

域 (DOMAIN)

界 (KINGDOM)

门 (PHYLUM)

纲 (CLASS)

目 (ORDER)

科 (FAMILY)

属 (GENUS)

种 (SPECIES)

域 (Domain)

在林奈分类系统中，地球上所有的生物被分为两个域。

一个叫作真核生物域，包含你所知道的大部分生物——植物、动物以及其他生物。这些生物的细胞含有至少一个细胞核（细胞核是细胞的控制中心，所有的遗传信息都储存在这里）。

另一个是原核生物域。原核生物的细胞中没有完全成形的细胞核。大多数原核生物，例如细菌，都是单细胞生物。原核生物的另外一个代表是蓝藻——有些种类往往形成漂浮在池塘上的浮渣。由于原核生物通常不易识别或收集，所以本书主要介绍的是真核生物的收集方法。

目前，科学家们正在试图发现真核生物域中的新物种并对它们进行命名。大多数的真核生物由微观的生命形式构成，我们对收集它们并不感兴趣。

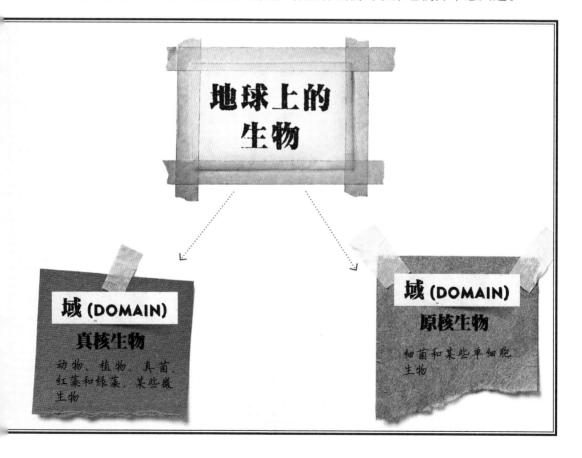

地球上的生物

域 (DOMAIN)
真核生物
动物、植物、真菌、红藻和绿藻、某些微生物

域 (DOMAIN)
原核生物
细菌和某些单细胞生物

界 [1](Kingdom)

域下面的一个分类等级是界。以下是 3 种最容易观察到的界：

动物界： 动物

植物界： 植物

真菌界： 蘑菇、真菌以及它们的亲缘物种

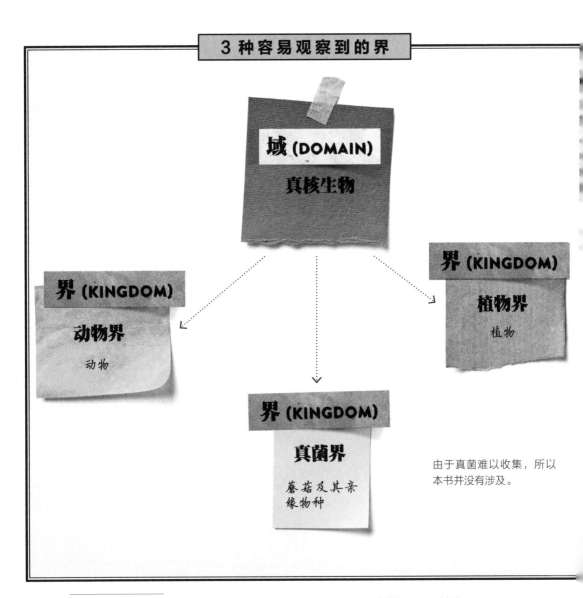

3 种容易观察到的界

域 (DOMAIN)

真核生物

界 (KINGDOM)

动物界

动物

界 (KINGDOM)

植物界

植物

界 (KINGDOM)

真菌界

蘑菇及其亲缘物种

由于真菌难以收集，所以本书并没有涉及。

---

1. 现在，科学家们普遍认为生物应分为植物界、动物界、真菌界、原核生物界和原生生物界。——译者注

门 (Phylum)

界下面的一个分类等级是门。动物界有 35 个门，植物界有 12 个门。这些数字随着科学家对生物的不断认识而改变。本书中，我们只列出了最常见的门类。除了岩石外，最值得收藏的动物和植物来自下列几个门。

让我们从一些最容易收集的生物开始。它们中的大部分依然生存在地球上，有一些则已经灭绝。以下是 6 个常见的动物分类门。

脊索动物门：
它们的共同点是拥有一个支撑体轴的棒状结构——脊索，以及沿着脊背的一根长长的中枢神经管。脊索动物门中大部分动物属于脊椎动物。这一类动物的脊索在发育过程中逐渐被脊柱代替。常见的脊索动物有鱼类、两栖动物、爬行动物、鸟类和哺乳动物。

节肢动物门：
节肢动物有可活动的四肢、坚厚的外骨骼、发达的神经系统、简单的循环系统、独特的生殖系统和消化系统。常见的节肢动物有昆虫、蜘蛛和螃蟹。

软体动物门：
软体动物身体柔软，不分节，常常有壳。常见的软体动物有蛞蝓、蜗牛、章鱼、鱿鱼、蛤蜊、牡蛎和贻贝。

环节动物门：
环节动物是一类身体分节，并具有疣足和刚毛、运动敏捷的动物，比如蚯蚓。

刺胞动物门：
刺胞动物有着柔软的身体，没有坚硬的外壳。它们没有明显的正面和背面之分，有的种类还有会蜇人的触须。最常见的刺胞动物是水母。

棘皮动物门：
棘皮动物生活在海洋或者潮汐池中，骨骼很发达，肢体呈辐射对称。代表动物有海星和海胆。

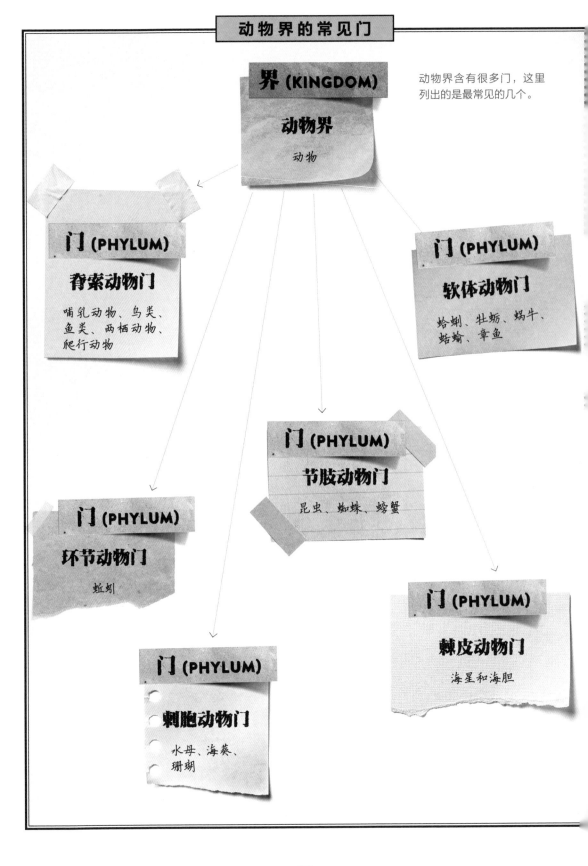

界 (KINGDOM)

动物界

动物

动物界含有很多门，这里列出的是最常见的几个。

门 (PHYLUM)

脊索动物门

哺乳动物、鸟类、鱼类、两栖动物、爬行动物

门 (PHYLUM)

软体动物门

蛤蜊、牡蛎、蜗牛、蛞蝓、章鱼

门 (PHYLUM)

节肢动物门

昆虫、蜘蛛、螃蟹

门 (PHYLUM)

环节动物门

蚯蚓

门 (PHYLUM)

刺胞动物门

水母、海葵、珊瑚

门 (PHYLUM)

棘皮动物门

海星和海胆

根据繁殖方式、种子的形态和结构等特征，我们将植物界分为 12 个门。下面是 4 个常见的门。

苔藓植物门：
苔藓植物通常比较矮小，并紧贴地面生长，主要分为苔纲和藓纲。它们是植物界的拓荒者，在土壤形成、防止水土流失等方面具有非常重要的作用。

蕨类植物门：
蕨类植物分布广泛，大多为土生、石生或附生，主要通过孢子而不是种子繁殖。常见的种类如木贼、羊齿蕨。

被子植物门：
被子植物都是开花植物，通过受精并产生种子来繁殖后代。它们是植物界最高级的一类。常见种类如番茄、橘子、草莓、葡萄等。

裸子植物门：
裸子植物在植物界中的地位介于蕨类植物和被子植物之间，是一类能产生种子的高等植物。常见的种类如红杉、雪松、冷杉和云杉。

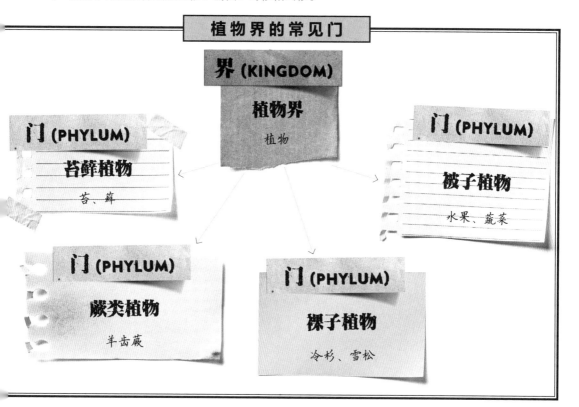

植物界的常见门

界 (KINGDOM)
植物界
植物

门 (PHYLUM)
苔藓植物
苔、藓

门 (PHYLUM)
被子植物
水果、蔬菜

门 (PHYLUM)
蕨类植物
羊齿蕨

门 (PHYLUM)
裸子植物
冷杉、雪松

纲 (Class)

在分类系统中，每个门下面又分为几个纲。每个纲内的动植物都具有一些共同特点，以便和其他纲的动植物区分开来。本书不会深入讲解植物分类知识，但会着重介绍动物界一些常见纲的动物。了解这些纲中动物的特征可以帮助你识别找到的自然物。

脊索动物门有 14 个纲，以下是 6 个常见纲：

哺乳纲：
哺乳动物有3个特有的特征：体表有毛发、用乳汁哺育后代以及中耳内有3块听小骨。比如狗、大象和人。

鸟纲：
鸟类具有以下特征：具有羽毛和喙、前肢特化成翼、通过产卵繁殖后代（卵生）。例如鹰、麻雀等。

两栖纲：
两栖动物幼年生活在水中，用鳃呼吸；成年后生活在陆地，用肺呼吸。它们的卵没有卵壳，呈凝胶状。例如青蛙、蟾蜍和蝾螈。

爬行纲：
爬行动物身上有鳞片，下颌由多块小型骨构成。例如鳄鱼、蜥蜴和蛇。

软骨鱼纲：
这些水生动物的内骨骼由软骨构成，牙齿和下颌不相连。因此，这些动物的牙齿只有捕猎功能而无咀嚼功能。如鲨鱼、鳐鱼。

硬骨鱼纲：
这些鱼类的内骨骼由硬骨构成，例如金枪鱼、鲑鱼、鲶鱼。

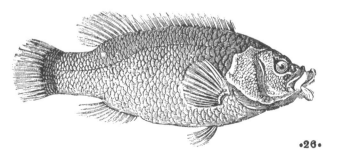

脊索动物门的常见纲

门 (PHYLUM)

脊索动物门

哺乳纲、鸟纲、鱼纲、两栖纲、爬行纲

纲 (CLASS)

哺乳纲

哺乳动物

纲 (CLASS)

爬行纲

爬行动物

纲 (CLASS)

鸟纲

鸟类

纲 (CLASS)

两栖纲

两栖动物

纲 (CLASS)

软骨鱼纲

鲨鱼、鳐鱼

纲 (CLASS)

硬骨鱼纲

硬骨鱼

节肢动物门有 6 个纲，常见纲如下：

昆虫纲：
昆虫身体分为头、胸、腹3部分，具有1对触角和3对步足，常见的有甲虫、苍蝇、飞蛾。

蛛形纲：
蛛形纲的成员身体分为头胸部和腹部两部分，有4对步足、一对螯肢和一对触肢，没有触角。常见的有蜘蛛、蜱、蝎子。

肢口纲：
身体分为头胸部和腹部两部分，用鳃呼吸，比如鲎。

多足纲：
马陆是这个纲的成员，有分为很多节的长身体，每节有两对步足。

甲壳纲：
大多数甲壳纲动物生活在水中，具有坚硬的外骨骼，用鳃呼吸。如虾、蟹。

软体动物门有 7 个纲，本书只列出了其中 3 个。这 3 个纲的动物最有可能出现在你的收藏品中。

瓣鳃纲：
这个纲的动物具有两片贝壳。常见的有蛤蜊、牡蛎、贻贝。

腹足纲：
这一纲是软体动物中最大的一类，生活在海洋、淡水中和陆地上，少数寄生。蜗牛和蛞蝓是这个纲的代表动物。

头足纲：
头足纲动物全海产，肉食性。它们身体呈左右对称，分头、足、躯干3部分，具有触角和发达的头部。比如鱿鱼、章鱼、鹦鹉螺。

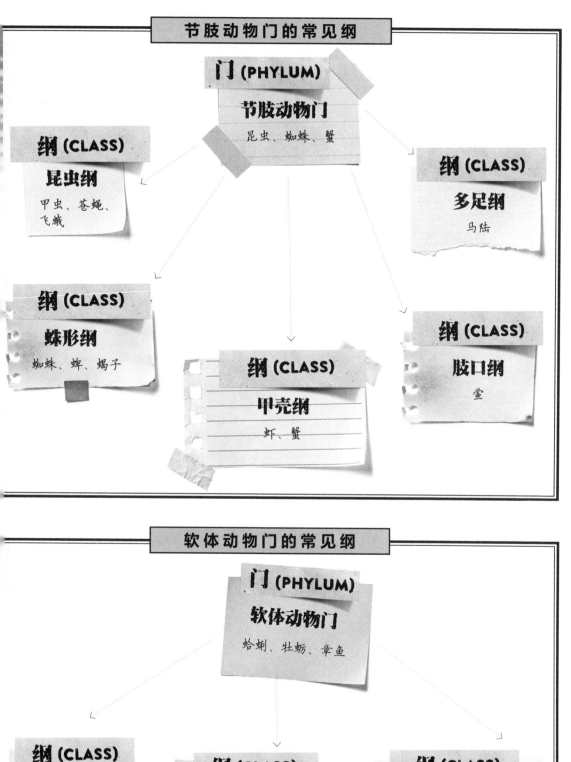

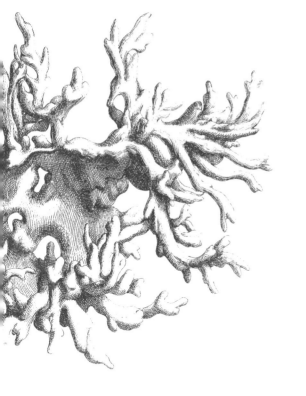

刺胞动物门有7个纲，以下4个纲较常见：

珊瑚纲：
你能在这个纲找到各种各样的收藏品。比如海葵、海胆和珊瑚。

钵水母纲：
这个纲的动物全部生活在海水中，大多为大型的水母类。比如海蜇。

水螅纲：
这个纲的动物绝大多数生活在海水中，少数生活在淡水中。比如葡萄牙军舰水母（僧帽水母）和水螅。

立方水母纲：
这个纲的动物生活在海洋中。如澳大利亚箱形水母。

棘皮动物门有5个纲。

海星纲：
这个纲的动物身体扁平，大多呈五辐射对称，比如海星。海星的5只腕从身体中央辐射伸出。

海百合纲：
这类生物大多生活在海洋中，都有着羽毛状的长腕。比如海百合。

蛇尾纲：
蛇尾纲动物身体扁平，呈星状。它们的腕细长，比海星的腕更细弱。如真蛇尾、刺蛇尾和海盘。

海胆纲：
海胆纲动物身体呈球形、盘形或者心脏形，是一类没有腕的海洋动物。它们的内骨骼互相愈合，形成一个坚固的壳，其上长有棘。如马粪海胆、石笔海胆和心形海胆。

海参纲：
这个纲的成员身体呈蠕虫状，两侧对称，具有管足，有时有触手。如刺参、梅花参和海棒槌。

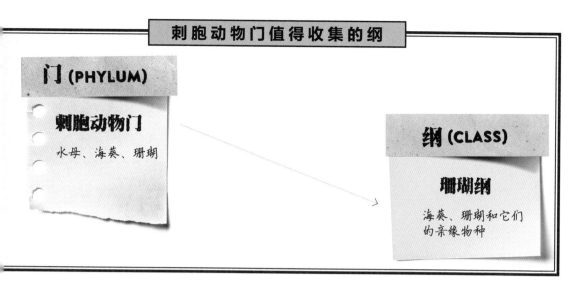

刺胞动物门值得收集的纲

门 (PHYLUM)

刺胞动物门

水母、海葵、珊瑚

纲 (CLASS)

珊瑚纲

海葵、珊瑚和它们
的亲缘物种

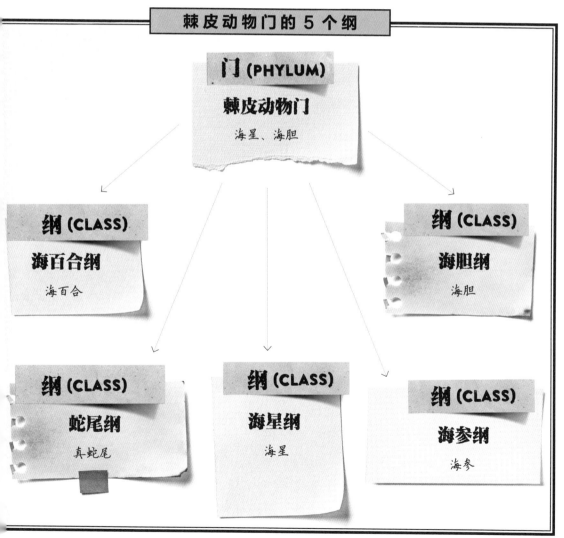

棘皮动物门的 5 个纲

门 (PHYLUM)

棘皮动物门

海星、海胆

纲 (CLASS)

海百合纲

海百合

纲 (CLASS)

海胆纲

海胆

纲 (CLASS)

蛇尾纲

真蛇尾

纲 (CLASS)

海星纲

海星

纲 (CLASS)

海参纲

海参

目 (Order)

在分类系统中，纲下面又分为目。隶属于同一纲的动物被划分到不同的目中。关于目，有很多可以详细讨论的内容，甚至仅仅只是把它们一一列出来都得用上好几页篇幅。本书只列出了你在收集过程中可能会特别感兴趣的目。也许，你还会发现你的好多收藏品都来自同一个目。

不同纲下的常见目

哺乳纲中的常见目：

灵长目： 灵长目动物有着高度发达的脑部，大多具有扁平的指甲，两眼前视，视觉发达。这一类动物大多能直立行走，比如猴、猿和人类。

负鼠目： 一类有袋动物。雌性将幼崽放在身上的育儿袋里抚养，比如负鼠。

翼手目： 这是一类可以飞翔的哺乳动物。它们前肢特化，生有薄而柔韧的翼膜，是夜行性动物，比如蝙蝠。

兔形目： 这是一类中小型的草食性动物，比如草兔、穴兔和家兔。

啮齿目： 这个目是哺乳动物中种类最多的一个类群，约占总种数的40%，广泛分布在全世界的多种生态环境中。这些动物体形不大，有着终生生长的门牙，比如老鼠和松鼠。

食肉目： 这是一个肉食性的群体。这个目的动物具有强大而锐利的犬牙和裂齿，可用来撕碎肉类食物，比如猫、狗和熊。

偶蹄目： 蹄的数目是偶数的一类哺乳动物，比如猪、鹿和野牛。

以下是鸟纲中的常见目：

雁形目： 这是一类大中型游禽，大多具有季节性长距离迁徙的习性，比如野鸭、天鹅和雁。

雨燕目： 这是一类小型攀禽，具有短小的腿和较小的爪，比如蜂鸟和雨燕。

鸻形目： 鸻形目的鸟是一类中小型涉禽，善于飞行，大多在开阔的水域飞行或筑巢，比如海鸥、鹬和海雀。

鹳形目： 这一目的动物是一种大中型涉禽，栖于水边。它们的腿、颈、喙都较长，比如鹳和鹭。

鸽形目： 这是一类陆禽，具有较短的喙和健壮的腿脚，比如珠颈斑鸠和原鸽。

佛法僧目： 这是一类攀禽，多较壮实，有着长长的喙，前三趾相连，比如翠鸟。

隼形目： 这是一类肉食性鸟类，具有强健的脚和锐利的钩爪，白天活动，捕食其他鸟类、蛙、蜥蜴等，比如鹰、雕和秃鹫。

鸡形目： 一类不善远飞、适应于陆栖步行的陆禽类动物。它们具有健壮的腿脚和适于掘土挖食的钝爪。雌雄个体大多异色，雄鸟羽色鲜艳，比如雷鸟、孔雀和鹌鹑。

鹃形目： 这个目的鸟属于攀禽，其脚通常呈两趾朝前、两趾朝后的对趾型，便于攀爬，比如啄木鸟和巨嘴鸟。

鸮形目： 这是一类夜行性猛禽。它们听觉敏锐，比如猫头鹰。

雀形目： 大部分的鸟属于这个目。它们的共同特征是具有复杂的鸣管和鸣肌，善于鸣啭和筑巢，比如家燕、鹪鹩、嘲鸫、鹊鸲、莺、乌鸦、主红雀和麻雀。

在两栖纲的3个目种最常见的是以下这两个：

有尾目（又称蝾螈目）： 这个目的两栖动物四肢细弱，少数种类仅有前肢，终生具有尾，皮肤光滑无鳞，比如山溪鲵和东方蝾螈。

无尾目（又叫蛙形目）： 顾名思义，无尾目动物的成体没有尾部，是现存两栖纲动物中结构最高等、种类最多以及分布最广的类群。它们体形扁且宽，四肢强壮，善于跳跃和游泳，比如青蛙和蟾蜍。

爬行纲里最常见的目如下：

龟鳖目： 这是爬行动物中的特化类群。它们身体短宽，躯干包被在坚硬的骨质硬壳内，头、颈、四肢和尾外露，也可缩回壳内，比如海龟。

有鳞目： 这是迄今为止爬行类中种类最多的一目。这类动物体表通常满被角质鳞片，身体多为长形，比如蜥蜴和蛇。

鳄目： 鳄目动物的心脏有两个完全隔开的心室，比如扬子鳄、短吻鳄和湾鳄。

硬骨鱼纲中的目较多，最常见的是：

鲈形目： 大多数鱼都属于这个目，它们大多为海鱼，体被栉鳞，比如梭鱼、鳜鱼和鲈鱼。

昆虫纲中也有很多目，以下是一些常见种类：

鳞翅目： 比如蝴蝶和飞蛾。

鞘翅目： 这是动物界中最大的目，比如甲虫。

直翅目： 比如蝗虫和蟋蟀。

蜻蜓目： 比如蜻蜓。

膜翅目： 比如蚂蚁、蜜蜂和黄蜂。

双翅目： 比如按蚊、伊蚊。

竹节虫目： 比如竹节虫。

你的收藏品中的软甲纲动物大多来自十足目，比如小龙虾、螃蟹和对虾。

而对于蛛形纲动物，你最有可能收集到的是蜘蛛目和蝎目的成员。

科 (Family)

　　科是目的下一个分类单元。现在你应该注意到了，每次分组都会把上一个分类单元划分为更小的群体。因此，理论上来说随着分类单元的细分，位于同一个分类单元里的物种也越来越相似。比如，同属于啮齿目的老鼠和松鼠分别属于不同的科。老鼠属于鼠科，松鼠属于松鼠科。

属 (Genus)

　　属于同一科的动物被进一步划分到不同的属中。同属的动物有着更加相似的结构，因为它们的基因密切相关。但是，位于同属的动物还是有所区别的，因为它们不能跨种繁殖。比如，在啮齿目鼠科中有家鼠属和小鼠属之分。这样的动物虽然有着相似的基因，但不完全相同。可以进行繁殖的，理论上必须属于同一物种。

种 (Species)

　　有着完全相同基因的动物属于同一个种。它们之间可以交配并繁殖出可育后代。例如，鼠科家鼠属包含多个种：褐家鼠 (*Rattus norvegicus*)、黑家鼠 (*Rattus rattus*)、缅鼠 (*Rattu exulans*) 等，每个种都有自己独特的体色、体形和生活习性，以区别于其他种。

第二部分

关于动物，
能收集什么

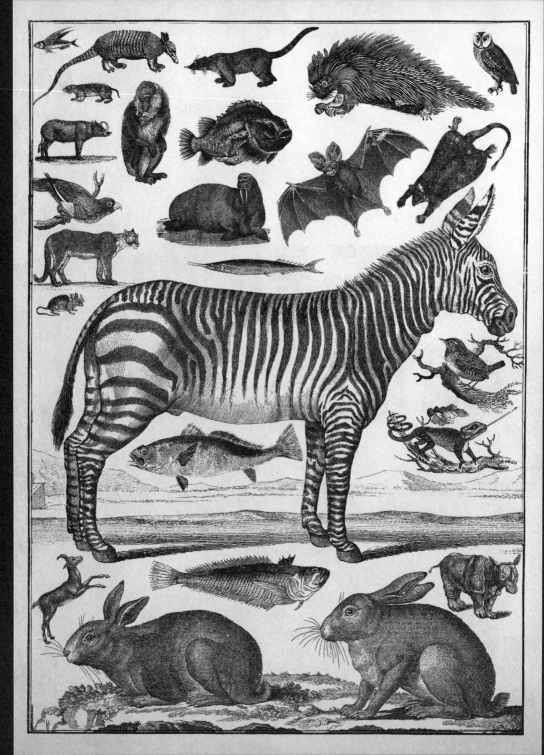

第二章

脊索动物

脊索动物门的动物都生有一条棒状结构的脊索，它们用这根柔韧的中空软骨来支撑背部。一种动物只要在它一生的某个阶段有脊索，就被归为脊索动物。比如，有的脊索动物只在胚胎时期有脊索。有的脊索动物，如哺乳动物和鸟类，它们的脊索发育成骨质的脊椎。事实上，脊索动物的几个关键特征只出现在某些动物的胚胎阶段，如尾。所有脊索动物都有尾，但是有的动物，如人类，胚胎阶段结束后，尾就消失了。人类也不会保留内柱。内柱是原始脊索动物喉部的沟槽通道，用来把食物送进胃里（在脊椎动物中，内柱会发育成甲状腺，这个位于喉结下面的腺体起着调节身体中重要化学过程的作用）。

另一个我们出生前就失去的结构是喉部的鳃裂。原始脊索动物中的水生被囊动物用鳃裂从水中吸入食物。所有脊索

动物终身保持的一个共同特征是两侧对称，也就是它们身体的左侧和右侧是彼此的镜像。用5条腕的海星作为对比可以看出，它没有明显的左侧或者右侧。

从前面看，这匹马是两侧对称的范例。两侧对称是指身体的左侧和右侧完全一样，这是脊索动物的共同特征。

哺乳纲
哺乳动物

哺乳动物是个新词，是卡尔·林奈在1758年从学名"哺乳纲"创造而来，派生自拉丁文"乳头"（Mamma）一词。

与鸟类、爬行类、两栖类和大多数鱼类一样，哺乳动物也是脊索动物门中的一个纲。它们拥有可以和其他纲的动物区分的特征，比如有毛发、一块骨头构成的下颚、中耳内有3块骨头。雌性有乳腺，可以给后代哺乳。世界上有5 000多种哺乳动物，包括卵生的单孔目（如鸭嘴兽和针鼹）、会把初生幼崽放在袋子里的有袋目（袋鼠、考拉和袋熊等）以及胎生的哺乳动物（直接生出幼崽来）。胎生的哺乳动物有兔子、老鼠、猫、狗、大象、鹿、驴、马、牛、蝙蝠、猪和其他大家熟悉的动物。

胎生动物 比如熊，直接生出幼崽而不会把它们放进袋子里。

有袋目动物 比如袋鼠，会把初生的幼崽放进育儿袋里。

单孔目动物 比如鸭嘴兽，是卵生的哺乳动物。

头骨和牙齿

　　头骨是保护动物大脑的骨质结构。不是所有的动物都有头骨，比如昆虫和章鱼全身没有一块骨头，但哺乳动物有。即便是刚刚开始学习收集东西的收藏家都能够轻而易举地找到哺乳动物的头骨和牙齿。

　　大多数哺乳动物的上牙和头骨相连，下牙则附着在下颚上，但下颚不是头骨的一部分。当动物还活着的时候，它们的下颚通过软组织连接到头骨。动物死去之后，软组织腐烂，所以你在野外发现的头骨很可能没有下颚；而牙齿通常会继续附着在头骨或者下颚上，这可以帮助你鉴定动物。每种哺乳动物的不同牙齿都有特定的数目，科学家把这些信息叫作齿式。当他们鉴定头骨时，会首先检视这种动物的牙齿。不管是动物的下颚还是头骨，都是有趣的收集物。

如何使用齿式鉴别牛头骨

我们从牛的齿式中可以看出它的一些生活习性。牛只吃植物，所以需要很多臼齿和前臼齿来研磨植物纤维。草和树叶很容易被扯掉，所以它们不需要太多门齿。实际上牛大多时候是用舌头来猛拉草和树叶的。

牛

门齿	犬齿	前臼齿	臼齿	
↓	↓	↓	↓	
0.	0.	3.	3	上层齿数
3.	1.	3.	3	下层齿数

总牙齿数：32

上层的数字代表附着在上颚（上颌骨）一侧的牙齿数量：无门齿和犬齿，有 3 颗前臼齿和 3 颗臼齿。（另一侧具有相同的齿数，所以科学家们懒得写下来。）

下层的数字代表附着在下颚（下颌骨）一侧的齿数：3 颗门齿、1 颗犬齿、3 颗前臼齿和 3 颗臼齿。（同样，因为另一侧具有相同数量的牙齿，故只记一侧的齿数。）

猫

$$\frac{3.1.3.1}{3.1.2.1}$$

总齿数：30
猫很少吃植物，所以臼齿很少。它们的臼齿和前臼齿组成了特殊的切肉工具，被称为切齿。

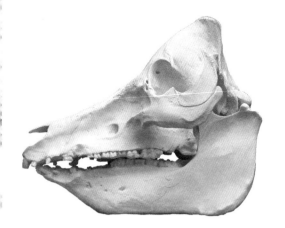

猪

$$\frac{3.1.4.3}{3.1.4.3}$$

总齿数：44
你猜猪吃什么？实际上，不管是动物还是植物，它们几乎什么都吃。猪是杂食性动物，所以每个位置都有数量多且坚固的牙齿。

浣熊

$$\frac{3.1.4.2}{3.1.4.2}$$

总齿数：40
浣熊也是杂食性动物，配备了不同的牙齿用来吃肉或者草。

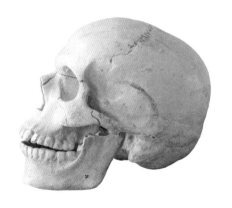

总齿数：32
如果没有蛀牙或者意外掉牙，每个成人都应该有32颗牙齿。幼年时人类会长临时性的乳牙，当乳牙脱落之后，就会长出伴随一生的恒牙。有的人不会长后面的智齿，所以他们只有28颗牙。

人

$$\frac{2.1.2.3}{2.1.2.3}$$

头骨变干之后往往会呈黄色，所以保存它的一个好方法是把它刷白。油漆不但能防止它变黄（以及干裂），还能填补头骨上的小坑。丙烯酸磁漆[1]是个不错的选择。

臭鼬（臭鼬属）

真核生物域
动物界
脊索动物门
哺乳纲
食肉目
臭鼬科
臭鼬属

臭鼬属有 12 个不同的种。臭鼬的食物来源非常广，包括昆虫、蠕虫、植物、垃圾，以及猫粮、狗粮。喜欢吃宠物食品的习惯让它们经常和人类发生冲突，但臭鼬一般会赢。遇到危险时，臭鼬可以喷射味道难闻的液体，所以它们胆子很大，不像其他野生动物一样遇到人时会快速逃走，反而继续吃它们想吃的食物，直到吃够了才大摇大摆地走掉。

和其他食肉目动物一样，臭鼬也吃肉。它们不仅吃活的小动物，如蜥蜴、青蛙、老鼠等，也吃动物的尸体。它们的头骨符合食肉的特点。一种常见的条纹臭鼬（加拿大臭鼬）的齿式是 $\frac{3.1.3.1}{3.1.3.2}$。臭鼬的头骨小到可以放入手掌，裂齿锋利的边缘在侧面清晰可见。其他牙齿在臭鼬死后通常会掉落，但是在保存良好的标本中你能看到它们曾经着生的牙槽窝。

去哪儿找：美国拥有几乎所有的臭鼬种类。其中，条纹臭鼬是最常见的一种，整个北美都很容易找到。臭鼬能适应各种各样的栖息地，尤其喜欢森林边缘的开阔地。我们常常能在家中的走廊下面看到它们。

1. 由丙烯酸树脂、颜料及增塑剂研磨成粉末后，加入有机溶剂配制而成。特点是干燥迅速，具有较强的附着力和一定的防霉性能。使用时要避免与皮肤直接接触和吸入漆雾。——译者注

山羊（山羊属）

真核生物域
动物界
脊索动物门
哺乳纲
偶蹄目
牛科
山羊属

山羊被人类驯服了至少上万年，并逐渐变成最有用的动物之一。羊奶适合饮用（比牛奶味道强烈且没有牛奶甜），山羊肉是世界某些地区的主食，山羊皮可以做衣服，一些品种的羊毛可以纺成毛线。

山羊头骨非常容易在野外或者农场找到，所以在自然收集物中很常见。它们的头骨顶部长有两个长而弯的角。它们的齿式是 $\frac{0.0.3.3}{3.1.3.3}$。如果你找到的头骨没有下颚，那么你会看到头骨的前面是空的，没有门齿和犬齿，只能看到后面扁平的臼齿和前臼齿，这是因为山羊主要吃植物。

去哪儿找：山羊既有家养的，也有野生的，几乎世界各地都能找到。

松鼠（松鼠属）

真核生物域
动物界
脊索动物门
哺乳纲
啮齿目
松鼠科
松鼠属

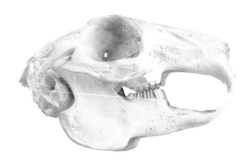

松鼠的头骨只有我们的手掌那么大。像其他啮齿动物一样，它们有着独特的牙齿。松鼠脑部最前端长有长而锋利的门牙，可以像人一样咬掉一大块食物，同时也擅长啃食坚果之类的坚硬食物。啃食坚果会磨损松鼠的门牙，但是它们门牙的增长速度赶得上磨损的速度。（同为啮齿目的老鼠，甚至可以咬断钢筋混凝土。）

啮齿动物，包括松鼠、大鼠、小鼠、沙鼠、豚鼠、海狸等，都没有犬齿。它们头部本该长犬齿的地方被空出来存放诸如橡子等坚果类食物。当橡子紧紧地卡在下颌后，松鼠才能用门牙啃食。一种常见的北美灰松鼠的这个空间大到可以塞下一个核桃。通常松鼠上颌骨的每侧都有 3 颗臼齿（比人类的臼齿小很多），它们的另一个特点是眼窝特别大。对于小动物来说，松鼠的眼睛特别大，被用来寻找天敌。松鼠需要极佳的视力来帮助它们在树枝间跳跃时做出准确的判断。

去哪儿找：松鼠在北美洲、南美洲、欧洲和亚洲都有分布。

牛（牛属）

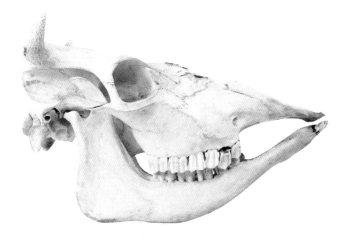

真核生物域
动物界
脊索动物门
哺乳纲
偶蹄目
牛科
牛属

乍一看，没有了宽大的、柔软的鼻子和不时扇动的耳朵，你根本无法把牛头骨和牛联系在一起。这些由软组织构成的部位很容易腐烂。牛的听力范围比人类广。你可以从牛耳朵的构造看出来它们有多厉害，可惜这个部位无法保存下来。

牛的鼻子也不一般。虽然肉质的鼻头已经消失，但是仍然可以看到其头骨上长长的鼻部。超大尺寸的鼻部暗示了牛的嗅觉十分灵敏。有时，牛只凭嗅觉就能探测到几千米外的捕食者。

接下来是眼睛。牛的眼窝分布在头的两侧，因此它们几乎可以同时观察到各个方向的事物。这对食草动物来说是个非常有用的技能。它们可以一边进食，一边提防捕食者的进攻。

去哪儿找：世界上有超过10亿头牛，分布在各大洲，是地球上数量最丰富的哺乳动物之一。

犄角

许多动物都会长犄角。一般来说，犄角由内部的骨质和外部包围的坚硬角质（和指甲成分类似）构成，其形状、大小因物种不同而异。大多数动物的犄角不会脱落。跟鹿一样，其他动物有时也会用自己的犄角与同性打架，来吸引雌性；或者用犄角来抵抗捕食者，比如貂羚（黑马羚）曾用它的利角杀死过狮子。

去哪儿找：牛角非常容易找到。农民和牧场主经常削掉牛角以防它们伤人。牛角宽的那端基部的直径和棒球的直径差不多大。

白尾鹿在秋末冬初脱掉鹿角，麋鹿的角会留到3月。你要当心你收集的鹿角来源，在国家公园捡拾鹿角就是非法的，因为脱掉的鹿角是国家公园生态系统的一部分，啃食鹿角的小型哺乳动物从中获得钙质。

鹿角

鹿角是鹿头上长出的骨质尖角。除了雌雄驯鹿均会长角以外，大多数鹿类只有雄性才会长角。

不同种类的鹿长有不同形状的角。如在驼鹿的"掌状"角的扁平基部上有手指状的分叉，使它看起来很像手掌。白尾鹿的角没有扁平的基部，更像树枝。

雄鹿会用角打斗来争夺雌性。鹿角越大的一方在打斗中就越有优势，随之而来的交配机会也就越多。雄性在春天长角。此时鹿角上会覆盖一层松软的茸毛，叫作鹿茸。鹿角完全长大后，鹿茸变干，雄鹿便用头蹭树干或者树枝把鹿茸刮掉。等到秋天交配后，鹿角便会脱落。

去哪儿找：有时你能在树林附近发现脱落的鹿角。它们不会太重，看起来很像树枝。如果将它们放置在室内通风干燥处，就不需要其他额外的防腐措施来保存，它们会一直保持你捡到它们时的样子。

不同动物头骨上的犄角有着非常不同的特点。

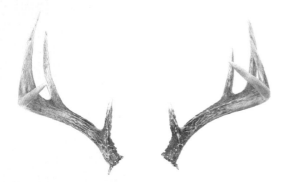

白尾鹿（*Odocoileus virginianus*）
的角看起来像树枝。

不同种类的原牛（*Bos taurus*）角的
形状大不相同。

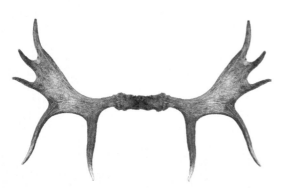

驼鹿（*Alce salces*）平平的角像手掌。

野牛（*Bos gaurus*）的角基部较平直，
尖端向内然后稍微向后弯曲。

马鹿（*Cervus canadensis*）的角看
起来很像白尾鹿和驯鹿的角。

印度水牛（*Bubalus bubalis*）的角先
向外弯成半圆，然后向内收，与前额齐平。

爪

大多数哺乳动物、鸟类和一些爬行动物的脚趾上都有角质蛋白构成的爪，如臭鼬、浣熊、猫、狗、土狼、蝙蝠、老鼠和熊的爪。人类也有手指甲和脚指甲，但是我们不叫它们爪，因为不够尖利。牛和马的脚趾也由厚厚的趾甲覆盖，叫作蹄。

加拿大猞猁 *(Lynx canadensis)*

真核生物域
动物界
脊索动物门
哺乳纲
食肉目
猫科
猞猁属

猞猁外形像猫，个头差不多是家猫的两倍。它的耳朵上竖起一撮毛，尾巴短而粗，脚掌很大，可以轻松地在雪地里行走。猞猁的爪大概有 2.5 厘米长，灰色为主，略带红色或褐色。它的爪比其他动物的爪更弯、更细、更锋利。

去哪儿找： 加拿大猞猁可以在加拿大的大部分地区、阿拉斯加和美国北部的一些森林中找到。

猫科动物走路时会把爪收起来，避免磨损。当它们需要爬树或者捕猎时，才把爪伸出来。

美洲黑熊 *(Ursus americanus)*

美洲黑熊有着一个略微让人困惑的名字。大多数黑熊都是黑色的，但也有棕色、黄棕色甚至浅蓝灰色。它是杂食动物，喜欢吃植物类的浆果、根茎和动物类的鱼、小鹿以及昆虫等，也爱蜂蜜。熊爪的形状像破掉的弯月，被用来挖根茎和昆虫，以及爬树。

去哪儿找：黑熊原产于北美洲，在北美洲森林地区很容易见到。

真核生物域
动物界
脊索动物门
哺乳纲
食肉目
熊科
熊属

狼 *(Canis lupus)*

狼是肉食性动物，生活在复杂的社会结构中。群体狩猎时，它们可以杀死巨大的有蹄类哺乳动物，比如驼鹿。它们用爪来攻击猎物并提供牵引力，让自己能在湿滑的路面上更容易抓地。狗由狼驯化而来。

去哪儿找：狼在北美洲、欧洲、亚洲和非洲都有分布，能适应严寒、沙漠和草原环境，最容易在森林里被发现。

真核生物域
动物界
脊索动物门
哺乳纲
食肉目
犬科
犬属

丛林狼 *(Canis latrans)*

丛林狼是狼和狗的亲戚，分布在美国，有时会出现在纽约、洛杉矶和芝加哥等大城市。它黑色的爪通常光滑且厚实，约 2.5 厘米长，略微弯曲。

去哪儿找：丛林狼原产于北美洲，现分布在南美洲至中美洲，北至阿拉斯加。

真核生物域
动物界
脊索动物门
哺乳纲
食肉目
犬科
犬属

如何在野外识别动物的足迹

每个哺乳动物的足迹都是不同的，原因之一是它们有着不同的爪或者蹄。下面的这些技巧可以帮助你分辨不同动物的足迹。你可以从基本的一点开始：这个足迹有 1 个、2 个、3 个、4 个，还是 5 个"指头"？如果只有 3 个，那么很可能是哺乳动物或者鸟类的足迹。足迹中间是否有条线？如果有一条尾巴的拖痕，那么可以立马排除兔子和山猫这样的短尾动物。

你看到的足迹轨道是否是交替的？步行前进的动物只有一只脚向前，跳跃前进的动物的两只后脚是同时落地的。如果你看到两个足迹并列在一起，那么这很可能是兔子一类跳跃前进动物的。

你看到的足迹边缘是否硬朗？边缘硬朗的足迹多半是有蹄类动物留下的，比如马或牛。不过马走路只用中趾，所以你看不到其他脚趾留下的痕迹。鹿走路用两趾，足迹像一对半月。每类有蹄类动物——猪、牛、羊等的蹄形状都有所不同。

你看到的足迹是否像个小手印？这可能是只浣熊留下的。浣熊会在水里洗它们的食物，这种行为被叫作"洗食"。视力不好的浣熊在水中能通过敏感的手指去"看"食物。

你看到的足迹像钝钝的人类胖脚吗？当心，这是熊的足迹。熊走路时爪尖抓地，所以会留下一些小点，一般不会和人类的足迹混淆。人类和熊是不同的：人类走路时脚跟着地；而大多数哺乳动物的脚跟都很高，比如熊，不会碰到地面，看起来像腿上的另外一个膝盖。

你看到的足迹边缘是否柔和且呈梯形？猫科和犬科动物的脚垫形状都是梯形，脚趾的印迹是单独的圆点。狗的足迹有爪印，猫的足迹没有。

你看到的足迹缺少爪印么？猫走路时会收起爪，所以猫足迹里没有爪印。家猫的足迹大概有 3~4 厘米长。

你看到的足迹有多宽呢？山猫的足迹大概 5~7.5 厘米宽，山狮的几乎有 12 厘米宽！

从臭鼬的足迹可以看出，臭鼬有 5 个脚趾，前足上有长长的爪，用来挖树根、找昆虫。

人类的足迹很容易区分，不过野外可不容易看到打赤脚的人哦！

刚毛

　　唯一有刚毛的哺乳动物就是豪猪。人们有时会把刺猬和豪猪混淆，但实际上它们属于不同的目。相比豪猪，刺猬和鼩鼱、鼹鼠的亲缘关系更近。大家常常把刺和刚毛混淆。刺猬的刺硬而空心，并且和豪猪的刚毛不同，它们是不能轻易被拔掉的。

豪猪（美洲豪猪科）

真核生物域
动物界
脊索动物门
哺乳纲
啮齿目
美洲豪猪科

　　豪猪是啮齿动物，身上覆盖着又尖又硬的刚毛。刚毛实际上是覆盖着厚厚角质层（和指甲的成分一样）的毛发。当捕食者攻击豪猪时，豪猪会把刚毛全部竖起。如果捕食者咬中豪猪，刚毛会扎进捕食者的鼻子和嘴里，将它刺伤，捕食者只能落荒而逃。我见过狗去攻击豪猪，最后狗的脸上留下了 100 多根豪猪刚毛。当豪猪刚毛扎进肉里时，刚毛尖端会断掉，很难完全拔出来。如果拔不出来，伤口就会感染，导致严重的后果。即使像老虎一样强大的捕食者也会死于伤口感染。有时，豪猪会主动出击。它们把刚毛竖起冲向捕食者，并刺向它们。在北美，豪猪刚毛一般长约 7 厘米，甚至可以长到 25 厘米。

去哪儿找：新大陆的豪猪可能起源于南美洲，然后向北迁移。现在可以在北美洲、中美洲和南美洲北部的森林地带发现它们的身影。旧大陆的豪猪遍布欧洲南部、非洲、印度和东南亚部分地区。

只要你不去招惹它，
豪猪对人类是没有危险的。

鸟纲

鸟类

从鹦鹉到企鹅，从鸵鸟到猫头鹰，所有鸟都有羽毛。除了鸟类外，某些奔跑速度较快的小型恐龙也有羽毛。实际上，鸟类就是从一种有羽毛的兽脚类恐龙演化而来的。鳄和短吻鳄是与鸟类亲缘关系最近的现存动物，它们同样也是恐龙家族的后裔。

与恐龙一样，鸟类也会产蛋（第61页），大多数鸟类会在孵出幼鸟后喂食很长一段时间。世界上大约有1万种鸟，分布在各大洲，有的鸟类以能进行长距离迁徙而闻名。鸟类的个体大小差异很大，最小的蜂鸟只有5厘米长，而最大的鸵鸟可以高达2.7米。

所有鸟类都有由角质蛋白构成的喙，和前面提到的爪、蹄、指甲、角和刚毛的组成成分一样。鸟类用喙来采集或捕猎食物、筑巢和养育后代。

所有鸟类都有翅膀，但不一定都会飞。当鸟类呼吸时，大部分空气流过肺部直接进入一些骨内的空腔。这些中空的骨骼充满空气后，有助于鸟类飞行。

和大多数哺乳动物一样，鸟类是恒温动物。

羽毛

羽毛有很多功能。第一，羽毛可以让鸟类保持温暖。第二，羽毛可以辅助飞行。当然，不是所有的鸟类都会飞。即使对于不会飞的鸟，羽毛也会有帮助。比如，鸵鸟会扇动翅膀上蓬松的羽毛来帮助自己奔跑。第三，羽毛可以防水。羽毛可以防止雨水淋湿鸟类的皮肤。羽毛的第四个作用是装饰。鸟类很善于利用羽毛的颜色来帮助自己找到同类。很多鸟类的雄性会用色彩鲜艳的羽毛来吸引雌性。这个特点使得鸟羽的收集尤其有趣。

鸟类有几种不同的羽毛。你看到的大多数都是羽片。羽片贯穿中央的一根轴，叫羽轴，也是由组成角、爪的材料构成，但更坚韧，弯曲的时候不易断裂。从羽轴伸出的排列整齐的分支叫羽枝。有的羽枝像头发一样柔软，有的非常坚硬。

羽毛具有很多不同的功能，它们的形状和大小均各不相同。以下是最常见的几种羽毛类型。

飞羽是用来飞行的，一侧宽一侧窄，在飞行时拍击空气。因为飞羽是支撑鸟类飞行的结构，因此在所有鸟羽中最为强大、坚韧。

尾羽在羽轴两侧呈左右对称，在飞行中负责保持平衡、控制方向和精密的转向。

绒羽具有羽轴，像绒毛一样蓬松，可以为鸟类保温。它短而柔软，密生在其他羽毛下面。

乌鸦的脑容量是所有鸟类中最大的。
它们"啊啊"的叫声实际上来自其复杂的语言系统，在不同的时间有着不同的含义。
乌鸦可以模仿其他动物包括人类的声音。

乌鸦（鸦属）

真核生物域
动物界
脊索动物门
鸟纲
雀形目
鸦科
鸦属

雀形目是拥有 500 多种鸟的大家庭，鸟种间差异非常大。鸦科包括乌鸦、渡鸦、松鸦和喜鹊等。

许多乌鸦的羽毛都黑得发亮，但也有黑色中夹杂着灰色或白色的羽毛。近看的话，它们的羽毛更接近深棕色。

乌鸦是非常聪明的鸟类。有的乌鸦学会了说话，有的会用草把洞里的虫子钓出来。使用工具是判断动物智力的标志之一。来自牛津大学的科学家设计了一个实验来研究乌鸦在使用工具方面有多聪明。他们把食物放进罐子底部，并给乌鸦提供两种工具——一根钩形的金属线和一根直的金属线。第一只乌鸦选了钩形的金属线，然后去钩食物。这说明乌鸦足够聪明去判断应该用什么工具并知道如何使用。第二只乌鸦震惊了科学家。它把直的金属线弯成钩状，然后到同伴旁边钩食物。它不仅会使用工具，还足够聪明地去制造工具。

乌鸦很常见，几乎到处都有。有些鸟类冬天会飞到温暖的地方越冬，但乌鸦不迁徙，你全年都能看到它。

你也可以喂乌鸦，只需要做一个或找一个喂食台。喂食台应该是一个鸟类容易上去但猫和其他动物上不去的平台。乌鸦可不喜欢吃东西时被猫攻击，或者食物被抢。你可以用棚顶或车库顶作为喂食台，也可以在树上钉一个木台，然后把剩饭等放在喂食台上。如果你规律性地放食物，乌鸦会发现它们，并学会寻找这些食物。它们吃肉片、苹果皮和核、面包、坚果、其他水果和蔬菜。它们会把肉从鸡骨头上挑出来，把玉米粒从玉米棒上挑出来，甚至还吃被撞死的动物尸体。

实际上，乌鸦是著名的食腐动物，在路上或海滩上看到动物尸体就会去吃。有记录称它们吃过蛇、浣熊、猫、兔子、鹿、鸽子、海鸥、硬骨鱼、鲨鱼、牛和海豹等动物的尸体。遇到比较大的动物如鹿时，乌鸦会先在一旁等待，让狼、土狼、獾、鹰等动物先将鹿皮撕裂。

当旁边没有其他清道夫来帮忙时，乌鸦有时候会跟随鹰或秃鹫找到动物的尸体。虽然其他时候这些猛禽是乌鸦的天敌和对手，但在这种情况下它们可以互相帮助。

去哪儿找：除了南美洲，其他洲都有乌鸦分布。它们的活动区域遍布城市和乡村。

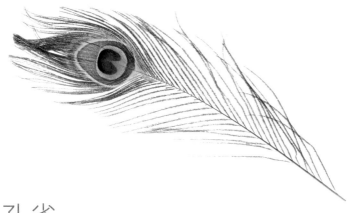

孔雀（孔雀属）

孔雀属于鸡形目。这个目包括许多在地上觅食、体形笨重的鸟类，比如火鸡和松鸡。孔雀所在的雉科还包括雉鸡、鹌鹑和鸡。

孔雀雌雄异形，雄孔雀和雌孔雀在外观上区别明显。雌孔雀呈灰棕色，与雄性令人印象深刻的鲜艳外观相比，显得普通得多。雄孔雀身上有闪着蓝光的羽毛，头顶生有冠羽，尾部具有棕白色、橙色、金色和白色的羽毛。大家最关注的应该是雄孔雀的尾羽——长长的、具有毛绒绒可爱羽枝的绿松石色羽毛。

孔雀开屏时会把绿松石色的尾羽竖起来展开，足足有一人高、近1米宽。羽毛上有蓝色、棕色、绿色斑点组成的像眼睛一样的花纹。

去哪儿找： 孔雀原产于南亚，被引进到世界上的大部分地区，包括南美洲、北美洲、南非和大洋洲。

原鸽 *(Columba livia)*

真核生物域
动物界
脊索动物门
鸟纲
鸽形目
鸠鸽科
鸽属

家鸽是人类最古老的同伴之一。它们可能在1万年前就被驯化了。它们是少数在城市化中获益的鸟类之一。

家鸽把城市的高楼大厦当作悬崖，把窝做在大楼的外墙上。原鸽依然生活在野外，通常被叫作野鸽，擅长在悬崖峭壁上生存，具有蓝色、绿色或灰色的头部，身体通常呈灰蓝色，翅膀上有两条黑纹。原鸽的羽毛可以呈现身体上多种颜色的组合，这也是驯养原鸽时有趣的地方。人们通过杂交选育出不同颜色的家鸽，从锈红色、布满斑点的棕色、纯黑色到纯白色，有的甚至胸前有紫红色的羽毛。由于野鸽和家鸽可以交配，这些颜色的鸽子现在在野外也可以看到。仅仅是鸽子，你就可以收集到一打颜色各异的羽毛。

去哪儿找：世界各地都可以找到，城市、乡村、农田、悬崖和岩石海岬等均有分布。

鸵鸟 *(Struthio camelus)*

真核生物域
动物界
脊索动物门
鸟纲
鸵鸟目
鸵鸟科
鸵鸟属

鸵鸟目包括大多数不会飞但跑得很快的鸟，如鸸鹋、鸵鸟、食火鸡和几维鸟。而鸵鸟科只包括鸵鸟和它已经灭绝的史前亲属。鸵鸟是地球上现存最大的鸟类，有的个体可以达到 3 米高，眼睛有 5 厘米宽——比人类的眼睛大得多。由于鸵鸟本身就很大，它的羽毛也非常大，一般可以长达 30 厘米。鸵鸟羽毛的颜色有黑色、白色、灰色或淡棕色。鸵鸟的羽毛非常蓬松，可以用来孵蛋。在鸵鸟分布的地区，人们常用鸵鸟羽毛来制作清洁房屋的羽毛掸。

去哪儿找：鸵鸟是非洲的原住居民。

原鸡（*Gallus gallus*）

真核生物域
动物界
脊索动物门
鸟纲
鸡形目
雉科
鸡属

家鸡是从原鸡驯化而来的。不管是野生的还是家养的鸡，都是在土里找食种子、蠕虫和昆虫。它们也是令人惊奇的强硬捕食者，偶尔会吃老鼠、蜥蜴甚至响尾蛇。

野生雄性原鸡（公鸡）外表非常华丽。它的身体不仅覆盖着大红色羽毛，还有橙色、黑色、蓝色、棕色、灰色和绿松石色的羽毛。野生雌性原鸡（母鸡）外表没那么艳丽，呈棕橙色交错。

和家鸽一样，家鸡被选育成不同的色型和大小。有的品种专门用来产蛋；有的用来供肉；有的被培育成斗鸡以供观赏，虽然斗鸡在很多地方是非法的。和它们的野外亲戚一样，家养的公鸡比母鸡更绚丽，脖子和尾巴的羽毛也更长。但不论雌雄，它们的羽毛都富有吸引力。科学家们培育出了60多个颜色不同的鸡的品种，每个品种还有一些变种，因而产生了数百种色彩组合。比如，爪哇鸡的羽毛是黑色带有白色点状花纹；波兰鸡有几十个变种，其中一种有着优雅的浅褐色羽毛，这些羽毛簇拥在脸的周围，就像狮子的鬃毛；罗德岛红鸡的羽毛颜色则是从浅橙色到带红斑点的深棕色。

去哪儿找：**世界各地的农场里。**

横斑林鸮（*Strix varia*）的羽毛呈柔软的流苏状，有助于在飞行时减少声响。

金刚鹦鹉的羽毛根据种类不同而变化多样。金刚鹦鹉（*Ara macao*）有着亮红色和黄色的羽毛，紫蓝金刚鹦鹉（*Anodorhynchus hyacinthus*）的羽毛呈现出黑底蓝色。

草原松鸡（*Tympanuchus cupido*）的羽毛布满显著的梯形横条纹。

库氏鹰（*Accipiter cooperii*）的羽毛上分布着深褐色的直条纹。

珠鸡（*Numida meleagris*）的羽毛呈棕色或黑色，布满细小的白色斑点，常被用来制作工艺品或被渔民拿来装在鱼钩上。

鹗（*Pandion haliaetus*）的羽毛细长，具有一些条纹。虽然不防水，但是羽毛上的油性物质可以让其聚成水滴状。这对它们捕捉最喜爱的食物——鱼大有帮助。

美洲红鹮（*Eudocimus ruber*）羽毛的鲜红色是由它们吃的甲壳动物里所含的胡萝卜素（就是把胡萝卜变成橙色的物质）形成的。

火鸡（*Meleagris gallopavo*）的羽毛具有明显的条纹。雄性火鸡颜色鲜明，它古铜和金色调和的羽毛非常吸引雌性的注意力。

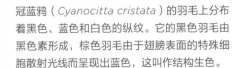

冠蓝鸦（*Cyanocitta cristata*）的羽毛上分布着黑色、蓝色和白色的纵纹。它的黑色羽毛由黑色素形成，棕色羽毛由于翅膀表面的特殊细胞散射光线而呈现出蓝色，这叫作结构生色。

北扑翅䴕（*Colaptes auratus*）的羽毛呈黄色或者红色，尖端呈黑色，主要分布于北美地区。

鸟卵

鸟类的卵具有坚硬的外壳。蛙类的卵是没有硬壳保护的，它们会生成一种胶状物来保护卵。蛇卵具有软革质壳。

如果你想在野外收集鸟卵，你可以先询问所在地区的野生动物保护部门，以确认这在当地是合法的。一般情况下，应该只收集那些不能孵化的鸟卵，比如滚落巢外或者被遗弃的鸟卵。从鸟巢里捡正在孵化的卵是非常不好的行为，这会吓跑亲鸟，从而使鸟卵因为没有亲鸟孵化而死亡。

除了鸟类，只有少数动物，比如某些海龟和昆虫，才生成硬壳卵。硬壳可以保护卵避免被撞碎、干燥或者被病菌感染。鸟卵壳还含有钙质，钙是幼鸟成长所需的矿物质，所以壳还是幼鸟的营养来源。

大多数鸟类的卵壳颜色为白色，但以捕食鱼类为主的鸟的卵壳是彩色的。由于鸟卵是很多动物的食物，一些在地面筑巢的鸟的卵进化成和周围环境一致的颜色，来进行自我保护。鸟卵还在母体时，其颜色就已经在卵壳上形成了。

除去外壳，鸟卵事实上并不是坚固的结构。卵壳上有细小的空隙来流通氧气。鸟卵大多是椭圆形，大小和颜色都不相同。和你猜想的一样，世界上现存最大的鸟卵来自最大的鸟——鸵鸟，鸵鸟卵差不多和足球一样大！

旅鸫 (*Turdus migratorius*)

真核生物域
动物界
脊索动物门
鸟纲
雀形目
鸫科
鸫属

旅鸫（美国知更鸟）是春天的象征。它冬天不一定迁徙，但在春天会更活跃和常见。它的橙色胸部很容易辨识。旅鸫是一年中最早育雏的鸟类之一。也许你认为它会寻找一棵光秃秃的树做窝，实际上恰恰相反，它会选择雪松之类的常绿树来筑第一个巢。雌性旅鸫在平坦的树枝或树杈上筑巢，每年产下 3~5 枚淡蓝色或青绿色的卵。每枚卵约长 2.5 厘米，有的会有暗斑。

去哪儿找：旅鸫通常在树杈或者灌木上筑巢，有时也会把窝建在建筑物的边缘上。旅鸫遍布北美洲。冬天，大多数旅鸫会飞往南方的森林越冬，因为那里有盛产浆果的树。

冠蓝鸦 (*Cyanocitta cristata*)

真核生物域
动物界
脊索动物门
鸟纲
雀形目
鸦科
鸦属

　　冠蓝鸦的羽毛由蓝色、白色、黑色 3 种颜色组成，头上有冠羽。细心的观鸟者能从它脸上和脖子上的黑色条纹区分出不同个体。冠蓝鸦嗓门很大，还是模仿专家。它可以模仿乌鸦、鹰甚至狗的叫声。和乌鸦表亲一样，它也是智商超群。笼养的冠蓝鸦甚至会拖动笼子里垫在食物下面的纸来获取食物。雌鸟每年产两枚浅蓝或浅棕色、常带有斑点的卵，每个卵长约 2.5 厘米。

去哪儿找：冠蓝鸦原产于北美洲，在美国中东部的大部分地区和加拿大的东南部都能找到。它们会在森林里筑巢，但有时也在社区附近生活。

小嘲鸫 (*Mimus polyglottos*)

真核生物域
动物界
脊索动物门
鸟纲
雀形目
嘲鸫科
小嘲鸫属
小嘲鸫

　　小嘲鸫身体修长，全身灰白色带有棕色条纹，因为擅长模仿其他鸟类的鸣声而得名。有时它的一首"歌"里可以杂糅十几种鸟的叫法。这种凶悍又有很强领土意识的鸟，经常会赶走周围的其他鸟类。小嘲鸫对捕食者也极具攻击性，曾俯冲攻击过猫和蛇。它还有一个奇怪的特点是用垃圾筑巢，包括塑料包装袋、铝箔纸甚至烟头。雌鸟每巢产 2~6 枚卵，每枚卵长 2.5 厘米，淡蓝或淡绿色，带有红棕色斑块。

去哪儿找：小嘲鸫遍布美国的森林、加拿大东南部以及墨西哥北部，喜欢开阔的林区。

主红雀 (*Cardinalis cardinalis*)

真核生物域
动物界
脊索动物门
鸟纲
雀形目
美洲雀科
主红雀属

　　主红雀头上的冠羽很特别，雌鸟的冠羽呈棕色，末端呈红色；雄鸟的冠羽是受人喜爱的亮红色，喙也呈红色。主红雀是领域性很强的鸟类，它会攻击入侵巢区的其他主红雀，甚至还会攻击窗户玻璃上自己的倒影，有时会在几周甚至几个月里每天攻击同一块玻璃上自己的倒影。雌鸟每巢产 2~5 枚卵，每枚卵长约 2.5 厘米，通常呈灰白色、浅绿色，并带有灰色或褐色斑点。

去哪儿找：主红雀在美国中部至东部、加拿大东南部至墨西哥地区都能被找到。它们经常出现在林地边缘、花园、公园和农村社区等地方。

如何检查鸟卵

我们吃的鸡蛋里一般不会有正在发育的小鸡。只有被保持在一定温度下（通常指亲鸟自身的热量，也就是所谓的孵化）、受过精的鸟卵（雌鸟和雄鸟交配后产下的卵）才具有胚胎（发育中的小鸟）。

怎么知道卵里是否有胚胎？最简单的办法就是用光照。用光照法观察时，你需要一间黑屋子、一把强光手电和一个朋友。用手框住卵，保证没有光从正面和背面漏进来。让你的朋友用强光手电朝你的方向照射你手中的卵。没有胚胎的鸡蛋里面什么东西都没有，光线能直接从蛋里穿过。（白色的鸡蛋会产生橙色的光。）

如果卵里有胚胎，你可能会看到以下东西：
- 弯曲的絮状物
- 黑色的挡住光线的物质
- 能让光通过的一端的空腔

有胚胎的卵很难保存，会迅速变臭。如果你发现鸟卵里含有胚胎，不要把它收藏在你的橱柜里。

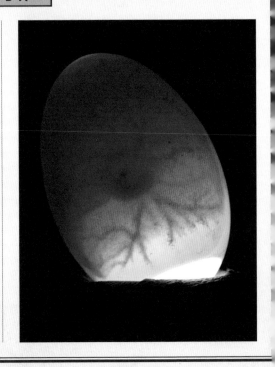

如何保存鸟卵

你需要准备：
- 一对创可贴
- 一颗图钉或针
- 一根牙签
- 一根吸管（用来搅拌咖啡的那种最好）

1. 把卵的两端贴上创可贴，这样你截孔时就不容易把卵戳碎。

2. 用图钉或针在卵的两端各扎一个孔，同时穿过创可贴和卵壳。其中一个孔需大到能让吸管穿过，另一个孔能够让黏稠的卵液流出来。

3. 在卵壳内的黏稠的卵液仍然有内膜保护。把牙签伸进洞里搅一搅，将内膜戳破。

4. 把吸管伸进一个洞内向里面吹气，使卵液从另一端流出，直到没有液体出来为止。

5. 把卵放在水龙头下，让水流过卵的中心。把剩余的卵液清洁干净，然后用吸管把卵内的水吹出来。

6. 找个地方把卵壳沥干。空瓶罐是个不错的选择。

把卵放在空瓶罐的口上，使其中一个孔朝下，剩下的水会慢慢滴出。放置几天，使卵壳完全干燥。

7. 最后，把卵壳放进微波炉加热几秒钟。如果你的卵壳和鸡蛋一样大小，就加热 30 秒左右；如果和燕子卵一样大小（直径小于一角钱的硬币），在微波炉里加热 5 秒钟就可以了。

杯状巢

鸟类能筑各种各样的巢。有的鸟比如啄木鸟，会在树上啄个洞然后在里面筑巢；有的鸟比如海雀，在悬崖上的洞穴里筑巢；有些种类的鸭不做巢，直接在灌木丛中产卵。对收藏者来说，用一只手就可以握住的巢最有趣，这种巢被叫作杯状巢。

家燕 (*Hirundo rustica*)

真核生物域
动物界
脊索动物门
鸟纲
雀形目
燕科
燕属

家燕喜欢在人类的房屋上筑巢，不只是谷仓[1]，只要有地方可以筑巢的建筑都可以。雌鸟一次产 3~7 枚卵。如果仔细观察，你可以看到在鸟巢边缘偷偷往外望的雏鸟。它们把嘴张得很大，漏出里面亮红色的部位。亲鸟看到这个亮红色部位就知道是"快喂我！"的意思。一对燕子一年繁殖两次。当第一窝雏鸟长大后，它们会再产一窝。有时，年龄较大的孩子会留在附近帮助喂养弟弟妹妹。等第二窝家燕长大后，这个鸟巢的任务就完成了。也就是说，空了一年的家燕巢是可以取走的，家燕不会再使用它了。你可以在不干扰它们的前提下把巢取走，但是过程很难。有时巢太高，不安全；有时巢紧贴楼房，强行拿下来会把巢扯碎。所以你得在其他人的帮助下小心地去收集家燕巢。

去哪儿找：家燕会在各种栖息地筑巢，尤其喜欢在水边或者开阔的乡村筑巢。因为它们往往在谷仓和房子的屋檐下、桥梁下等地方筑巢，所以家燕巢很容易被发现。家燕在北美洲、南美洲都有广泛分布。

---

1. 家燕的英文名 barn swallows 中的 barn 是谷仓的意思。——译者注

美洲金翅雀（*Carduelis tristis*）

真核生物域
动物界
脊索动物门
鸟纲
雀形目
燕雀科
金翅雀属

美洲金翅雀用藤蔓、树皮、杂草、牧草、香蒲和马利筋蓬松的部分、蛾茧丝还有蜘蛛网等材料来筑巢。蜘蛛网对鸟类来说是极佳的建筑材料，结实又有弹性。也许单根的蜘蛛网看起来并不是很结实，但是当它们彼此交织足够粗时就十分结实。比如，与一根同样粗的钢绞线相比，蜘蛛网更结实。此外，由于蜘蛛网具有黏性，还可以将鸟巢凝在一起。

去哪儿找：美洲金翅雀可以在美国东部至西部、加拿大南部地区被发现，但是它冬天会往南迁徙。美洲金翅雀的巢会筑在开阔的草地、杂草丛生的田野、漫滩、果园以及居民区等地方。其实，在你的后院也不难发现金翅雀的巢！它们很喜欢野鸟喂食器，尤其是在冬天。

鸟爪

鸟爪的形式与它的生活方式密切相关。攀禽用爪抓住树枝，海鸥用爪抓鱼，猛禽如鹰、鸢、鸮和隼都有大而锋利的爪，用来捕捉和撕裂猎物。

渡鸦（*Corvus corax*）

真核生物域
动物界
脊索动物门
鸟纲
雀形目
鸦科
鸦属

渡鸦是一种黑色大鸟，经常被误认为是乌鸦，但渡鸦的体形更大，脖子和喉部有一圈毛茸茸的羽毛。渡鸦的食谱很惊人，从人类的垃圾到狼的粪便，再到活的羊羔。听到枪声后，渡鸦会出去"调查"，它知道枪声意味着附近有动物尸体可以吃。埃德加·爱伦·坡曾在自己的诗歌《渡鸦》[1]中说：这种

1. 在《渡鸦》中，诗人虚构了一只邪恶的渡鸦，它会诱惑人。渡鸦在西方文化中是智商很高的鸟，会像八哥一样说话，还会送信。——译者注

鸟可以学会说话。渡鸦的脚和爪都像身体一样黑。

去哪儿找：渡鸦遍布世界各地，有很多不同的亚种。本种渡鸦环绕北半球分布。它喜欢森林和沿海地区，通常在悬崖边筑巢。

白头海雕（*Haliaeetus leucocephalus*）

真核生物域
动物界
脊索动物门
鸟纲
隼形目
鹰科
海雕属

白头海雕可以纵身跃下悬崖，冲入水中抓鱼再飞上来。但是它常常会选择更轻松的办法——攻击更小的鸟。受到惊吓的小鸟通常会丢弃猎物逃走，白头海雕就把小鸟的猎物收入囊中。它们甚至还会从渔民的鱼线上抢活鱼。由于人类的猎杀和毒害，白头海雕曾濒临灭绝。在政府的保护下，美国大部分地区白头海雕的数量又恢复至正常生态水平。白头海雕身上的羽毛呈棕色，头上的羽毛呈白色。它的钩状喙和强有力的足呈黄色。

到哪里找：白头海雕在北美大部分地区包括加拿大和墨西哥北部都能见到，通常生活在大型水域附近，所以沿着海滨、大湖和宽阔的河流就可以发现它们的身影。

白头海雕是美国的国鸟。

鸟喙

鸟喙是鸟身上坚硬的特殊"装置"。喙里面是颌骨，颌骨上面覆盖着皮肤。正是因为最上面的一层皮肤使得鸟喙和其他脊椎动物的嘴不同。最上层皮肤是加强的角蛋白，与指甲和爪成分相同。喙的形状千姿百态，与鸟类使用它们的方式协同进化。比如，许多鸣禽的喙都很小，具有锯齿状的边缘，用来夹取和咬碎种子。鸭子的喙又扁又宽，用来在泥里寻找食物。鸭子的嘴里还有个特殊的钉状物，可以在岩石上撬开软体动物。

金刚鹦鹉（鹦鹉科）

真核生物域
动物界
脊索动物门
鸟纲
鹦形目
鹦鹉科

鹦鹉科有 6 个属都被叫作金刚鹦鹉。和其他鹦鹉的区别在于，金刚鹦鹉有长长的尾巴、脸上浅斑块状的花纹和大大的喙。金刚鹦鹉用强有力的喙夹破坚果和种子。它也吃各种植物的花、果、叶和茎。有的食物对别的动物来说是有毒的，但金刚鹦鹉却不受影响。在有些地方，金刚鹦鹉也吃河岸的黏土，可能是从中获取植物里没有的养分。

去哪儿找：中美洲和南美洲生活着 17 种金刚鹦鹉。

杜鹃（杜鹃科）

真核生物域
动物界
脊索动物门
鸟纲
鹃形目
杜鹃科

杜鹃雌鸟不会筑巢，而是趁别的鸟不在家时，把卵下在其他鸟类的巢中，并把原巢中的一个卵推出来。如果别的鸟没有发现自己的卵被替换，就会孵化冒名顶替的杜鹃鸟卵，并养育孵出来的杜鹃雏鸟。杜鹃幼鸟

会尽可能地把其他卵和刚孵出的幼鸟挤出巢，为自己争取更多的食物。这种把卵产在其他鸟巢的策略叫作巢寄生。杜鹃捕食昆虫，会取食其他鸟类不会吃的有毒毛虫。为了避免中毒，杜鹃会撕开毛虫的身体，把毒液摇出来。杜鹃又尖又直的喙很适合这项工作。

去哪儿找：杜鹃遍布世界各地，更喜欢温和的气候。

猫头鹰食团

鸟的食团看起来像药丸或者小球，长约5厘米，呈棕色或者灰色。如果将食团剖开，会发现里面一团乱麻，有破掉的种子壳、树皮、动物皮毛、昆虫肢体甚至小骨头。

食团里面的东西是从哪里来的呢？

是鸟反刍出来的，换句话说，就是吐出来的。

当人呕吐时，说明他生病了。但对很多鸟类来说，这是很正常的行为。它们把不能消化的东西都反刍出来。比如，一只鸟可能吃了硬壳的种子，种子的内部非常有营养，但外壳没有，鸟就会把外壳吐出来。鸟还会把消化系统里产生的有害细菌和不能消化的食物一起吐出来。

科学家喜欢研究鸟类食团。打开食团，科学家就能告诉你这只鸟曾经吃过什么。有时会有惊人的发现，比如另一只小鸟的爪。

食团是很有意思的收集物，如果你能从中发现骨头或者皮毛就更酷了。最受欢迎的是猫头鹰食团。猫头鹰（鸮形目）会吃其他动物。有时你可以从它的食团里找到老鼠骨头，有时能看到动物皮毛（一般很难辨识出是什么动物的皮毛，有可能是兔子、松鼠、蝙蝠或者黄鼠狼，甚至可能是臭鼬）。猫头鹰是唯一捕食臭鼬的鸟类。一位科学家曾看到猫头鹰杀死臭鼬的过程：猫头鹰会挤压臭鼬的头，直到挤破；另一位科学家在猫头鹰的巢里发现了57只臭鼬的残骸。

你可能会在食团里找到羽毛。大型猫头鹰会吃很多种类的鸟，从乌鸦、啄木鸟到鸭子。有时它也吃其他动物，比如红尾鹰。猫头鹰吃其他鸟时，会把食物的翅膀和大部分羽毛扯掉，但偶尔也会吞进去一些羽毛，最终就到了食团里。

也许你会觉得食团听起来很恶心，但实际上并不会令人作呕。一般来说，食团是干燥的，而不是黏糊糊的。即使很难闻，也比不上人类的呕吐物。

不同的猫头鹰个头差异很大，最大的雕鸮能长到76厘米高，最小的姬鸮只有12厘米高。

唯一需要小心的是细菌。鸟类吃进去的动物有可能携带着能感染人的病菌，比如，老鼠会传播引起某种脑膜炎的病毒。把食团放进微波炉里加热就可以杀菌（不过要先征得家人同意），在高温档加热 20 秒即可。这个方法同样适用于你在野外找到的其他任何鸟类食团。如果你的猫头鹰食团是买来的，那么通常卖家都已经对其进行高温杀菌了。

查看过食团里的内容后，你可以把它放在小瓶子或小罐子里，然后收进你的橱柜中；也可以简单地将它放进透明的塑料密封口袋中，并在里面放入纸条，写上你的观察结果，比如"不知道是什么鸟的食团，里面有蚂蚱的一部分"，这样别人也可以看懂它是什么。

去哪儿找：除了南极洲，地球的其他地方都有猫头鹰生活。因此，猫头鹰食团到处都可以找到。最好在猫头鹰栖息地的附近寻找食团。

如何解剖猫头鹰的食团

要想看猫头鹰食团里面有什么，你可以用镊子和叉子打开它。当然你也可以买解剖套件——可以有效解剖动物和植物的工具盒。典型的解剖盒里面有镊子、剪刀、长的金属针、刀和尺子。还有一种方便的工具叫作解剖探针，末端有金属尖钩的小棍。你可以用它小心地撕开茧、死掉的昆虫，还有食团。

爬行纲

爬行动物

爬行动物比如乌龟、蜥蜴、蛇、短吻鳄和鳄等的皮肤上都有鳞片。它们中有的能产卵，有的直接产幼崽。爬行动物是变温动物，它们体温的升高或降低取决于周围环境温度的变化。天气炎热时，它们活动自如；当天气变冷时，很多爬行动物就无法正常活动了，它们会变得呆滞，甚至因为霜冻死掉。但霜冻对温血的哺乳动物和鸟类没有多大影响。几年前在佛罗里达州，一次反季节的寒潮导致上百只野生鬣蜥死亡。它们像成熟的苹果一样从树上掉下来。为了应对严寒，一些爬行动物通过睡觉或休眠来度过冬天。

现存的爬行动物分为 5 个目：鳄目，比如扬子鳄、凯门鳄、恒河鳄和湾鳄；龟鳖目，比如海龟、陆龟和甲鱼；蜥蜴目，比如蜥蜴、壁虎和巨蜥；蛇目，比如蟒蛇、赤链蛇、眼镜蛇和响尾蛇；喙头蜥目，现在仅存的此目动物为新西兰的楔齿蜥（又叫喙头蜥，体形似蜥蜴，成体头部前端呈鸟喙状。它的上颚有两排牙，下颚有一排。最特别的是它的额头有第三只眼，即顶眼。有的蜥蜴和蛙类也有第三只眼，但因为太小而很少被人们注意到）。

恐龙是鸟类还是爬行动物？

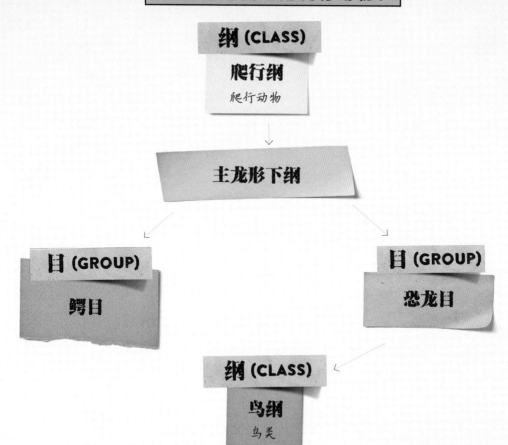

纲 (CLASS)

爬行纲

爬行动物

主龙形下纲

目 (GROUP)

鳄目

目 (GROUP)

恐龙目

纲 (CLASS)

鸟纲

鸟类

科学家把生活在 200 年前的爬行动物拆分为单独的目。他们研究这些动物的形态，把和上页描述相符的现存动物都划进了这个目。为了把已经灭绝的动物比如恐龙也包括进来，他们建立了其他目。事实证明，整个纲都是巨大的错误。

科学家们一直在努力修正分类标准，所以许多分组也多次变化。比如，我们现在知道猎豹和美洲狮的亲缘关系非常近，属于大型猫科动物的同一谱系。这对研究猫科动物的生物学家非常重要，但对我们来说没什么关系。在刚刚过去的几十年中，导致分类发生巨大变化的原因是遗传证据的逐渐获得。通过对比遗传基因，科学家能够更精确地弄清生物之间的进化关系。

根据恐龙化石和遗传证据，科学家将爬行动物进行了重新分组。新的分类信息使科学家和公众不得不用新视角来看待这个类别中的动物。过程虽然复杂，但这使动物研究变得令人兴奋。

现在，科学家将世界上现存的爬行动物分为了 5 个目，再加上恐龙和鸟类，就形成了 3 个主要的分支：

龟鳖目： 海龟。到目前为止，这个目和旧分类系统一样，没有变化。人们很容易看出这类有壳爬行动物都是亲戚。

有鳞下纲： 蜥蜴目（蜥蜴）、蛇目（蛇）、喙头蜥目（楔齿蜥）以及已经灭绝的爬行动物。这个分类没有太大变化，只是把已知的一些小组合并成了新的大组。

主形龙下纲： 鳄鱼、鸟类、恐龙等几种已经灭绝的爬行动物。问题来了：我们普遍认为鸟类和爬行动物非常不同，但实际上它们是从同一群恐龙演化出来的不同分支上的动物，有的恐龙还生有羽毛。因此，鸟是恐龙的子集，恐龙是爬行动物的子集。

龟壳

　　龟类的壳是它身体的一部分，不会脱落。龟壳主要由骨质组成。龟类死后，龟壳可以留存几百年，甚至数百万年。龟壳分为两部分，上面盖住龟背的背甲和底下包被在胸部和腹部外面的腹甲。龟类和其他爬行动物最大的区别就是具有龟壳。龟壳通常能被保存得很好，人们曾在距今 2 亿年前的化石中发现过这些经久耐用的龟壳。在古代，由于池塘或者湖泊干涸，使得生活在这片水域中的龟类几乎同时死亡，因此有时可以在"海龟墓地"发现成千上万的龟壳。

　　"龟"这个词有几个不同的含义。在科学用语中，"龟"指的是陆龟科的陆生龟类。陆龟有着高高的半球形壳和适合在陆地上行走的粗腿。"鳖"指的是几种可食用的淡水龟，它们之间的亲缘关系有的很远。龟和鳖都属于龟鳖目，所以比较准确的叫法应该是龟类。

如何保存龟或鳖的壳

你可能只找到一个腹甲或背甲，也有可能找到一个完整龟壳。

方法 1

如果你在野外找到一个龟壳，先让它继续留在野外，直到昆虫和细菌把腐肉吃干净，没有什么气味了再把它拿回家。这个过程可能需要几个月时间。

方法 2

如果没有室外条件让腐肉自然分解，你可以通过蒸煮龟壳来加快这一分解过程。提示：这种方法的缺点是会发出很臭的味道，不推荐用这种方法处理大型龟类。步骤如下：

1. 用沸水把肉煮松软，然后慢炖几个小时。放凉。

2. 用旧牙刷把残留的肉刷掉。

3. 再煮，再放凉。

4. 用硼砂（使用时需谨慎）[1]或盐填满龟壳，放在盘子里静置几个小时。

5. 清空龟壳，擦净。

6. 龟壳干透后，用胶水将脱落的甲鳞粘起来。

7. （可选）在表面涂上清漆来保护龟壳，还能使它看起来闪闪发亮。

1. 误食硼砂，会在体内形成硼酸，引起消化不良甚至呕吐等症状。——译者注

苏卡达陆龟 *(Geochelone sulcata)*

真核生物域
动物界
脊索动物门
爬行纲
龟鳖目
龟科
象龟属

　　这种草食性的龟具有惊人的体形——90 厘米长、90 千克重，是世界上第三大陆龟。因为漂亮的龟壳，它常被当作宠物饲养。苏卡达陆龟的壳有浅色金字塔状突起，像风景画里的小山。

去哪儿找：原产于撒哈拉沙漠和萨赫勒干旱的草原上。在非洲广阔的干旱地区也有分布。

红腿象龟 *(Chelonoidis carbonaria)*

真核生物域
动物界
脊索动物门
爬行纲
龟鳖目
龟科
象龟属

　　这种原产于南美洲的陆龟是杂食动物。它喜欢吃水果、蘑菇、蠕虫、昆虫以及腐肉或动物尸体。红腿象龟皮肤黝黑，头和四肢布满黄色、橙色和玫红色的斑点，这也是它名字中"红腿"的由来。成年个体长约 30~35 厘米，因此龟壳较大。龟壳的颜色也各不相同，最普遍的是黑色龟壳。龟壳上每块大甲鳞的中心都有一块亮斑，亮斑和象龟腿上的斑点颜色是相匹配的，那些有着红色亮斑的尤其漂亮。

去哪儿找：红腿象龟原产于南美洲北部和加勒比地区的一些岛屿上，在美国是一种常见宠物。

齿缘摄龟（*Cyclemys dentata*）

真核生物域
动物界
脊索动物门
爬行纲
龟鳖目
龟科
摄龟属

这种杂食性龟类生活在平缓的森林溪流和池塘里。由于肉很好吃，渔民常常捕食它。但抓捕的时候要十分小心，因为齿缘摄龟会用呕吐来抵御攻击者。它一般能长到 25 厘米，具有富有纹理的棕色或绿色龟壳。它的英文名（Asian leaf turtle）的字面意思是亚洲叶龟，因为有些人认为它的壳看起来像圆圆的叶子。

去哪儿找[1]：齿缘摄龟原产于东南亚。

鳄鱼头骨

鳄目包含擅长游泳的肉食性动物。由于常常在水中伏击猎物，它们的眼睛、鼻孔和耳都长在头顶，使自己隐蔽地漂浮着时也能观察、闻和听周围环境的动态。鳄目动物的触觉也能帮助捕猎：它们的面部神经对震动极其敏感，可以探查到水中其他动物的运动。鳄鱼扁平又肌肉发达的颅骨具有比其他动物更强的咬合力。最大的鳄鱼甚至可以咬住并拖倒如马赫犀牛这样强壮的猎物，人类则更不在话下。

鳄目共有 3 科 24 种：

长吻鳄科：印度鳄

短吻鳄科：扬子鳄、凯门鳄

鳄科：湾鳄

---

1. 在中国云南（西双版纳）、广西等地可以找到。——编者注

怎么区分它们呢？印度鳄很好区分。它有着像平底锅把手一样细长的吻，以方便自己在水中迅速捕捉鱼类等猎物。其余种类比较难区分。每种鳄鱼的大小、形状、色泽等特征都不同，不同个体间的外表也不相同。因此，人们经常去了解和认识当地的鳄鱼，并给它们命名。

通常扬子鳄和凯门鳄都有宽而圆的吻。当它们合上嘴巴时，不会露出很多牙。

湾鳄的吻一般窄而尖。当它将嘴巴合起时，下颌两侧的4颗牙会露出来。

鳄鱼如何吃东西

鳄鱼如何捕食猎物？首先，它用强大的颚夹住猎物。它的牙齿不用多锋利，强大的颚利用咬合力就能让其钝牙咬穿皮肉。它们可以夹断龟壳或者动物的骨头。然后，鳄鱼便把猎物整个吞下。

如果猎物太大没法一口吞下，鳄鱼便使用"死亡翻滚"战术：抓住猎物然后开始打滚，从腹部翻到背部再翻到腹部。在这个过程中，它一直紧紧地抓住猎物。如果在翻滚中撕掉猎物的一条腿，它就先把这条腿吞下去。

撕裂猎物的另外一个诀窍是把猎物丢进水里。鳄鱼会把猎物塞进岩壁或漂浮木下。几天后，猎物腐烂到足够松软时，鳄鱼便可以轻松地把它撕开了。

鳄鱼胃里的情形更有趣。它会吞进一些小石头，这些小石头在胃里会一次又一次地撞击猎物，最后将猎物磨碎。石头就像肠道里的牙齿。

大多数动物的胃会分泌胃酸帮助消化食物。鳄鱼和它的亲戚们便拥有这种强大的胃酸，因此它在吃东西时不用咀嚼，直接吞进肚里即可。

美国短吻鳄（*Alligator mississippiensis*）

真核生物域
动物界
脊索动物门
爬行纲
鳄目
短吻鳄科
短吻鳄属

美国短吻鳄的头骨上只有一种牙齿。这些牙齿无法和哺乳动物的牙齿媲美。它们不能像人类一样咬苹果，不能像食肉目动物一样撕裂一大块肉，也不能像牛一样磨碎植物。也许你认为这类动物拥有锋利的牙齿，但实际上它并没有。它的牙齿的锋利程度刚好够咬住猎物，但远没有狐狸和臭鼬的牙齿那么锋利，看起来更像钝锥。

去哪儿找：美国短吻鳄生活在美国东南部的沼泽、湖泊和河流中，可以在最西边的得克萨斯州的南端找到。

湾鳄（*Crocodylus porosus*）

真核生物域
动物界
脊索动物门
爬行纲
鳄目
鳄科
鳄属

湾鳄是世界上现存的最大的爬行动物，可以长达 6.7 米，重达 2 000 千克。由于巨大的体形和攻击性，湾鳄也是最危险的鳄鱼，只有尼罗鳄可以与之抗衡。它曾攻击过蹚水、游泳或潜水的人类。有几次，这个"远洋水手"还钻进了人类的帐篷。它有巨大的头骨，最大的头骨超过 76 厘米长。

去哪儿找：虽然湾鳄可以生活在海水中，但它更典型的生活环境是沼泽、潟湖和河流。湾鳄分布在印度、东南亚和澳大利亚地区。

蛇蜕、骨骼和尾巴

蛇蜕是由成千上万个小而硬的鳞片组成的。重叠的鳞片保护着下面娇嫩的皮肤。不同蛇的鳞片形状各不相同，同一条蛇不同身体部位的鳞片形状也不相同。比如，响尾蛇的背部鳞片像扁平的葵花籽，而腹部的鳞片却形成许多条纹。除了在水中或者刚蜕皮外，蛇的皮肤都是干燥的，不像人们皮肤那样是湿润的。

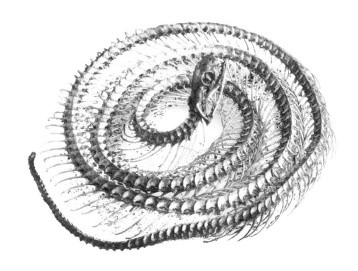

蛇骨架（蛇目）

真核生物域
动物界
脊索动物门
爬行纲
蛇目

蛇的骨架由头骨、颚骨、被称为舌骨的小喉骨、脊椎以及肋骨组成。脊椎由一串叫脊椎骨的小骨头组成。蛇背上的每块脊椎骨都连着两条肋骨，向两边伸出，但尾椎骨上没有肋骨。大多数蛇的肋骨比针还细。蛇从蜥蜴演化而来，这可以从某些蛇比如蟒的骨架中看出来。蟒的骨架末端有刺，这是已退化的后肢留下的痕迹。

去哪儿找：除了南极洲、爱尔兰和冰岛，地球上其他地方都能找到蛇。你可以从蛇生活的地方找到蛇骨架：草地、湿地、洞穴、沙漠、河流、森林和稀树草原。

蛇蜕（蛇目）

真核生物域
动物界
脊索动物门
爬行纲
蛇目

蛇在不断长大的过程中要经过多次蜕皮。一条蛇吃得越多，蜕皮就越频繁。快要蜕皮时，蛇的皮肤会变成奶白色，眼睛变成乳蓝色。蜕皮时，蛇不容易移动，所以它会先躲在安全的地方，然后在植物、岩石或能找到的其他东西上把老皮蹭掉，此时光滑而湿润的新蛇皮早已经在老皮之下形成。相比之下，黯淡的老皮看起来像磨损的"鞋"。蜕掉的蛇皮摸起来柔软稍脆，像奶酪泡芙，如果太用力就会被捏碎。有时蛇蜕皮时老皮会碎成很多小片，所以完整的蛇蜕是让人惊喜的发现，还可以据此看出蛇的形状。

去哪儿找：蛇生活的地方都可以找到蛇蜕掉的皮，但它很脆弱，收集时要小心。

响尾蛇尾巴（侏儒响尾蛇属）

真核生物域
动物界
脊索动物门
爬行纲
蛇目
蝰科
侏儒响尾蛇属

很多蛇通过用尾巴拍动树叶制造响声来警告天敌，而响尾蛇却自带工具制造响声。

当捕食者或者其他动物不小心靠它太近时，响尾蛇会摇响尾巴以示警告；如果此时入侵者仍不后退，它就会用注满毒液的中空獠牙攻击对方，而响尾蛇的毒液对人类来说是致命的。响尾蛇的响尾每蜕一次皮就会增加一个环，由类似指甲的角蛋白构成。

去哪儿找：响尾蛇只分布在北美洲和南美洲以及加拿大南部至阿根廷地区。

硬骨鱼纲和软骨鱼纲

硬骨鱼和软骨鱼

鱼类是自古就有的生物。化石证据表明这两个群体在 4 亿多年前就存在了。相比之下，爬行动物在 3.2 亿年前才出现，恐龙在 2.31 亿年前出现，哺乳动物则更晚，从出现到现在还不到 2 亿年时间。现在，地球上共有两万多种硬骨鱼，这是脊椎动物里数量最庞大的一个纲。

硬骨鱼和软骨鱼

鱼类主要分为硬骨鱼类和软骨鱼类两大类群。软骨鱼除了颌骨外没有硬骨。它的骨架由软骨组成，这是一种坚韧、灵活的组织（你的耳朵就是由软骨组成的）。软骨鱼包括鲨鱼、鳐鱼和蝠鲼等。

硬骨鱼的骨架由硬骨和软骨组成，和哺乳动物、鸟类以及爬行动物一样。你所认识的大多数鱼都是硬骨鱼，包括金枪鱼、鲑鱼、金鱼、斗鱼、鳕鱼、鲱鱼、雀鳝、梭子鱼、旗鱼等。

硬骨鱼类的鱼骨架由硬骨组成，共有两万多种。

软骨鱼类的鱼骨架由软骨组成，包括鲨鱼和鳐鱼。

鱼骨架（硬骨鱼超纲）

真核生物域
动物界
脊索动物门
硬骨鱼纲

鱼骨头很难保存，也很容易找到。打开一罐鲑鱼罐头，就可以发现肋骨和部分脊椎骨。但是这些骨头太细小，人类和其他动物会把它们连肉一起吃掉。

大多数鱼的颅骨、颌骨和脊椎骨能够保存下来，此外还有鳍和尾巴。我们经常会看到鱼鳞粘在骨头上，除非它已经完全干燥，否则最好剔除皮肤以免腐烂。

去哪儿找：所有海洋、江河、小溪和湖泊里面都能找到鱼。

鲤鱼头骨

真核生物域
动物界
脊索动物门
硬骨鱼纲
鲤形目
鲤科
鲤属
鲤鱼

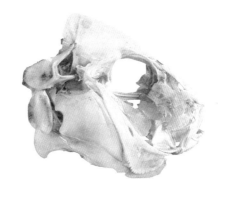

大多数人不吃鲤鱼（*Cyprinus carpio*）头，所以它们常常被扔到一边。鲤鱼很容易在钓鱼的地方找到，你可以去那些地方找找，然后把干掉的鱼捡回来。将捡来的鲤鱼用微波炉加热1分钟，以杀死所有的细菌。

很多种类的鱼头都是有趣的标本。以鲤鱼头为例，一个好尺寸的标本应该比你的手略长、略宽。你会发现鱼鳃，也就是鱼的呼吸器官。

大多数鱼类没有和我们一样的肺，它们用头两侧的复杂过滤器呼吸。鳃就是它们从水中获得氧气的过滤器。活鱼的鳃由梳状的骨头组成，上面覆盖着红色的肉，看起来像百叶窗帘。当鱼呼吸时，鳃一开一合进行过滤。而干掉的鲤鱼头只剩下一块平坦的骨头，像打开的风扇。

剁开鱼头，你还能看到部分鳞片和脊柱。鲤鱼的鳞片覆盖了头后的大部分身体。鳞片像枯叶，很容易被折断。

去哪儿找：鲤鱼原产于亚洲，但是鲤鱼较强的抗寒和适应能力使它遍布世界各地。

海马（海马属）

真核生物域
动物界
脊索动物门
辐鳍鱼纲
棘背鱼目
海龙科
海马属

海马是肉食性动物，它会伏击小型甲壳动物，并用长吻去吸食。海马有一些不同于硬骨鱼的特征：弯曲的脖子让它看起来像马，可卷曲的尾巴能抓住植物的茎枝，还有可以竖起来的身体（而大多数鱼类的构造都是用来适应水平方向游泳的）。另一个特点是雄性具有育儿囊。雌性海马直接把卵产到雄性海马腹部的育儿囊里，雄性海马负责孵化和养育子代，直到小海马准备好进入水中独立生活。

对收集者来说，支撑海马身体的骨环非常有意思。这些骨环使海马干燥后依然能够保持原来的形态。

去哪儿找：海马生活在热带海域中，喜欢珊瑚礁等庇护所。插图中修长的海马可以在美国南部、中美洲以及南美洲北部的沿海水域中被发现。

鳄雀鳝鱼鳞

真核生物域
动物界
脊索动物门
辐鳍鱼纲
雀鳝目
雀鳝科
大雀鳝属
鳄雀鳝

鳄雀鳝（*Atractosteus spatula*）是大型鱼类，可以长达 3 米、重达 130 多千克。它是美国最大的淡水鱼，看起来像鳄鱼，有着和鳄鱼一样的吻、两排锋利的牙齿和长长的身体，但没有鳄鱼一样的四肢，而是长有鱼鳍。它捕食海龟、小型哺乳动物、鸭子和其他鱼类。由于体形太大，基本上没有其他生物会捕食它，除了鳄鱼和人类。人类常用网、杆、线轴或弓箭来捕捉鳄雀鳝。鳄雀鳝的鱼鳞是很好的收藏品，它们紧贴在皮肤下面，由闪闪发光的白色物质构成。每张鳞片都像一颗钻石，中间突起，向四周渐平。中间厚的地方和牙齿一样坚硬光滑（和人类以及鲨鱼的牙齿上覆盖着釉质一样），边缘部分稍弱，像硬塑料。小鳞片和指尖差不多大，大鳞片比纸牌更宽、更长。

去哪儿找：鳄雀鳝分布在美国南部的河流、水库以及湖泊中，有时在墨西哥湾也可以看到。它们最常见于得克萨斯州、路易斯安那州和整个密西西比河的下游区域。

如何保存：鳞片必须清洗干净，然后就不需要任何特殊的措施了。它们和牙齿、骨头一样可以被长久保存。

大白鲨牙齿

大白鲨（*Carcharodon carcharias*）有 3 000 颗牙齿，而且因为旧牙的磨损，还会不断地长出新牙。和人类的牙齿不同，大白鲨的牙齿着生在牙龈的软骨上，很容易被取出来。大白鲨一生中会掉落数以万计的牙齿，即使这样也用不完。

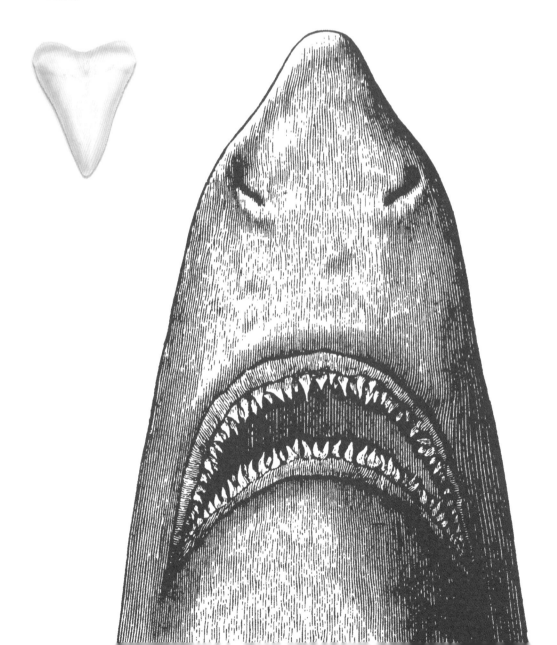

鲨鱼的身体覆盖着鳞片，每个鳞片都有肉质的核心，叫作髓，其中包含着血管和神经。包裹髓的骨质叫作牙本质，牙本质又由保护鳞片的坚硬涂层包裹着。鲨鱼鳞片的结构和牙齿十分相似，因此只要猎物撞到其中一样就足以让其皮开肉绽。

和人类牙齿上的牙釉质一样，鲨鱼的牙齿也有强大的保护涂层。牙釉质比骨骼还要坚硬，是我们身上最坚固的物质。同样，鲨鱼牙齿上的保护涂层也是它身上最坚固的物质。

鲨鱼有很多牙齿，也很容易掉下来。因为有强大的涂层保护，这些掉下来的牙齿很耐储存。实际上，目前发现的一些鲨鱼牙齿化石已经有 4.5 亿年的历史。你可以找些鲨鱼牙齿来丰富你的橱柜。

大白鲨的牙齿是三角形的，最长可达 12 厘米，边缘呈锯齿状，有许多小而锋利的凹槽。这些凹槽可以帮助鲨鱼咬穿食物。大白鲨的下牙比上牙更窄。大多数时候，它们用下牙托着食物，用上牙咬。攻击猎物时，鲨鱼摇晃它的脑袋来进行撕咬。当鲨鱼捕食较大的动物比如海豹和海象时，因为猎物太大没法将其整个吞下，它们就需要将猎物一块一块地撕碎再吃掉。

去哪儿找：大白鲨生活在 12~23℃的水中，在大西洋东北部和美国的太平洋沿岸、夏威夷、日本、大洋洲、智利和地中海都可以看到，在南非和澳大利亚的沿岸也有分布。

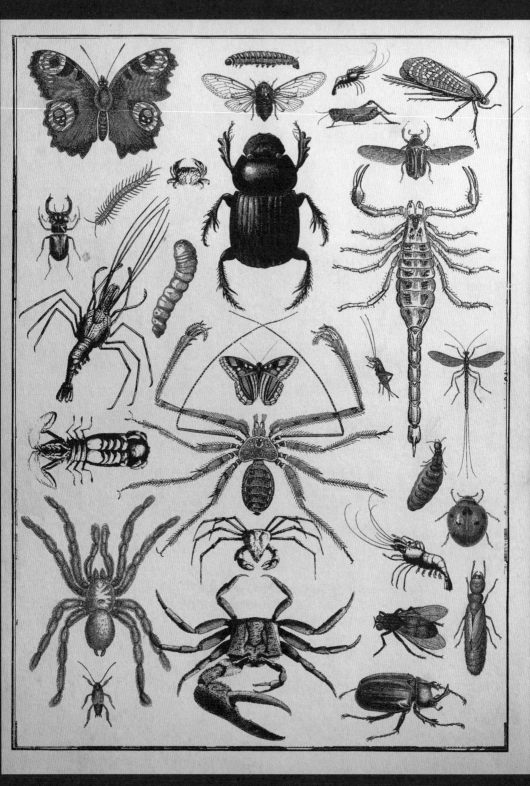

第三章

节 肢 动 物

(PHYLUM)

节肢动物没有脊椎，属于无脊椎动物，但是它们拥有外骨骼。节肢动物的外骨骼是一种壳状外衣，并且分节成多段。它们的附肢有可活动的关节。

节肢动物分为：有爪纲（也称原气管纲，比如栉蚕）、肢口纲（比如鲎）、蛛形纲（蜘蛛、蝎子、螨、蜱虫以及它们的近缘物种）、甲壳纲（螃蟹、龙虾、对虾和其他一些主要的水生动物）、多足纲（一些有着长长的蠕虫状身体和几十只足的节肢动物，包括蜈蚣、马陆等）和昆虫纲（6只足的节肢动物，生命周期包括变态过程，比如蝴蝶、甲虫、蝗虫、苍蝇等）。

已经被科学家分类的节肢动物超过100万种，但还有更多的节肢动物没有被人类发现。在地球上的大多数地方，节肢动物的数量远远超过其他动物。

昆虫纲

昆虫

昆虫和其他节肢动物的区别是什么呢？

首先，昆虫有 6 只足，而其他节肢动物，如蜘蛛（蛛形纲）有 8 只足，蜈蚣（多足纲）有几十只足（不同种类蜈蚣的步足数量不同）。当你在数一只昆虫有多少只足时，记得不要把它头顶的触角也算上。

其次，昆虫的身体主要分为头、胸、腹 3 部分。昆虫的头部有口、眼和触角；胸部是身体的中间部分，连着足和翅（如果有的话）；腹部在身体的后部，里面有心脏和肺等许多重要器官。

和所有的节肢动物一样，昆虫具有外骨骼。当昆虫长大时，它会在原来的外骨骼里面生成一个新的、更大的外骨骼，之后旧的外骨骼裂开，昆虫就会像人类脱掉外套一样脱掉旧的外骨骼。

成长过程中，昆虫的形态会发生改变，这种变化过程叫作变态。变态过程分为完全变态和不完全变态。完全变态的昆虫在它们的成长过程中会经历 4 个不同的发育阶段：卵、幼虫、蛹和成虫。家蝇是个很好的例子。起初，它只是一枚卵；当家蝇从卵中孵化出来后，就变成了蠕虫状的幼虫（也就是蛆）；随后它会变成一只光滑的、椭圆形的蛹；大部分时间蛹是静止不动的，因为这个阶段它在改变自己身体的形态；最后，它从蛹壳里钻出来，成为一只成年家蝇，也就是成虫。

不完全变态的昆虫在成长过程中只经历 3 个阶段：卵、若虫和成虫。蚂蚱是个很好的例子。它从卵里孵出来时是若虫，看起来很像个头小一些的成年蚂蚱。蚱蜢的若虫和成虫之间最大的区别在于成虫有翅。

地球上有数以百万计的昆虫。有的科学家认为昆虫的种类比其他任何一类生物都要多。即使你收集昆虫多年，也依旧可以发现新的物种。

蝴蝶和飞蛾

蝴蝶和飞蛾都是完全变态的昆虫，它们经历了从卵到幼虫到蛹再到成虫的所有过程。它们的幼虫一般叫作毛毛虫。当飞蛾的幼虫准备成蛹时，它会吐丝作茧——一个丝质的柔软的袋子。飞蛾从身体中抽取出液态的丝，这种丝遇到空气后会迅速凝固。飞蛾在茧里面化蛹。蝴蝶不会结茧，当它的毛毛虫准备变成蛹时，会直接生成一个坚硬的壳一样的外骨骼。

蛹变成成虫后，会从茧或者蛹壳里出来。休息一会儿，它们就能展翅高飞。在蝴蝶和飞蛾的成虫阶段，也有很多不同之处。下面有些线索供你参考。

· 蝴蝶的触角像一根末端系着球的绳子，这种形态被称为棒状触角。

· 飞蛾的触角有很多形状，有的为丝状，有的像图中展示的帝王蛾一样是梳状，但是几乎没有棒状的。

· 蝴蝶的身体纤细而光滑。

· 蝴蝶在白天活动。

· 飞蛾的身体胖胖的、毛茸茸的。

· 飞蛾一般在夜间活动。

美洲虎凤蝶 *(Papilio glaucus)*

真核生物域
动物界
节肢动物门
昆虫纲
鳞翅目
凤蝶科
凤蝶属
美洲虎凤蝶

它们为什么叫凤蝶[1]呢？因为它们飞行时，在每个翅上有一个尾突，就像是凤凰的尾巴。

雄性东方虎凤蝶和雌性看起来非常不同。雌蝶有着黑色的前翅，翅的边缘有白色斑点；后翅是闪亮的蓝色，其边缘的白色斑点相对前翅更多。雄蝶则有亮黄色的翅，上面有黑色条纹，配色有点儿像老虎的皮毛——这也是虎凤蝶名字的由来。很多人都想不到雌蝶和雄蝶是同一个物种。如果你已经读过本书的鸟类部分，可能会记得一个名词：雌雄异形。狮子也是雌雄异形的动物：雄狮子的头部和颈部有鬃毛，而雌狮子没有。

去哪儿找: 美洲虎凤蝶喜欢生活在田野、花园、公园和森林中，整个美国东部，从佛蒙特州南部到南佛罗里达州北部，最西至得克萨斯州和大平原都有分布。

---

1. 凤蝶的英文名是 swallowtail，意思是燕尾，而中国人以传说中的凤凰来做类比和命名。——译者注

黑脉金斑蝶 *(Danaus plexippus)*

真核生物域
动物界
节肢动物门
昆虫纲
鳞翅目
蛱蝶科
斑蝶属
黑脉金斑蝶

黑脉金斑蝶有着亮橙色的翅和黑色脉纹。这种黑配橙（或红）的配色是为了提醒鸟类和其他天敌：我不好吃。类似的配色在其他有毒动物身上也出现过，包括蜘蛛甚至是鸟类。而一些无毒的蝴蝶，也会模仿黑脉金斑蝶的配色来欺骗天敌，从中受益。黑脉金斑蝶从它吃的马利筋属植物中获得非常令人讨厌的味道。它每年都会迁徙，有时会远至几千千米。当迁徙季到来时，人们有时会在一片林间空地，甚至后院里发现几千只黑脉金斑蝶聚集在一起。

去哪儿找：在北美的佛罗里达州和亚利桑那州，黑脉金斑蝶全年可见，分布范围从加拿大南部到南美洲北部，从百慕大和加勒比地区到夏威夷和整个太平洋岛屿。

多音天蚕蛾 *(Antheraea polyphemus)*

真核生物域
动物界
节肢动物门
昆虫纲
鳞翅目
天蚕蛾科
柞蚕属
多音天蚕蛾

　　这种蛾子具有棕或者棕红的颜色，以方便它在树皮和树叶间伪装。它后翅上的斑块状花纹看起来像猫头鹰的眼睛。科学家认为这种眼状斑点可以吓跑捕食者。它的个头也非常惊人，翼展长达 17 厘米。这种蛾子的成虫寿命只有一周，所以它们成年后的主要任务就是寻找配偶，进行交配。对于雌蝶来说，主要任务还有产卵。雄蝶通过雌蝶发出的一种叫作信息素的特殊化学物质来追寻雌蝶。它用羽毛状的触角去搜寻气味。雄蝶的触角比雌蝶大，有更多的绒毛。多音天蚕蛾的幼虫会把身体折进叶片里作茧。

去哪儿找：你可以在北美洲找到多音天蚕蛾，从墨西哥北部一直到加拿大都有分布。

月形天蚕蛾 *(Actias luna)*

真核生物域
动物界
节肢动物门
昆虫纲
鳞翅目
天蚕蛾科
长尾水青蛾属
月形天蚕蛾

　　和多音天蚕蛾一样，这种淡绿色蛾子翅上的眼状斑纹也是为了震慑捕食者。月形天蚕蛾的幼虫会通过发出"咔嗒"声来恐吓捕食者。当捕食者无视这种警告时，幼虫便用呕吐物进行防卫。即使在茧里面，月形天蚕蛾的蛹在感受到危险时依然可以发出警告声并剧烈摆动。和多音天蚕蛾一样，月形天蚕蛾的成虫寿命也只有一周。它们所有的进食都已在幼虫阶段完成，因此成虫甚至都没有口。

去哪儿找：月形天蚕蛾可在北美洲的东部地区被发现，从墨西哥北部到加拿大都有分布。

常绿树蓑蛾 *(Thyridopteryx ephemeraeformis)*

常绿树蓑蛾的茧经常在雪松上被找到。雪松常年是绿色的，叶子呈针状。常绿树蓑蛾的茧整个被雪松的针状叶子覆盖，这使它看起来就像是树的一部分。茧藏在用丝和雪松碎片编成的"袋子"里，因此有时人们会把它与松果混淆。它伪装得如此巧妙，以至于绝大多数捕食者都发现不了这种蛾茧，因为它们万万没想到"松果"里面还会有虫子。常绿树蓑蛾的茧差不多和你的手指一样长，和铅笔一样粗，两头尖尖的。

你可以像摘水果一样把茧摘下来，但很难打开它坚硬的外壳。如果你真的打开了一个蛹，就可以看到里面有只黑色的毛毛虫。像所有生活在黑暗中的动物一样，它也不喜欢阳光，还会在茧里翻滚、扭动。

在夏末，蛾茧更容易被发现，因为编织进茧的雪松叶子干枯变成棕色或者铁锈色，而树上的叶子依然青翠，这时茧看起来不再与树浑然一体。

大多数蛾类只在蛹期住进茧里，但蓑蛾不同，它几乎一生都在茧里度过。它可以把头露出来吃针叶或其他叶子。它也可以从茧中伸出足，爬到新食物跟前或者爬上树，还可以通过吐丝进行升降。在它的茧的末端有个孔，用来排泄废弃物。此外，昆虫的粪便和尿液并不是分开的，而是混合在一起被排放出来。

雄性蓑蛾长大后看起来非常奇怪，与其说是蛾子，不如说更像是一只蜜蜂。它的翅像蜜蜂一样透明，身体毛茸茸的。雄性蓑蛾成虫的寿命只有 2~7 天，不吃任何食物，因为在幼虫阶段它就已经把一生所需要的食物都吃够了。

它不停地飞来飞去直到找到雌性交配，完成这个使命后就死掉了。

有的雌性终生都生活在茧中，没有翅，也不会飞。它在茧里散发强烈的气味来吸引雄性，然后等雄性来进行交配。绝大多数雌性昆虫在交配后产卵，但蓑蛾不是。它死去的时候，卵还在肚子里。这些卵被很好地保护起来：它们在母亲肚子里，母亲在茧里。

当卵孵化后，幼虫爬出雌蛾的身体，然后离开茧。它们吐丝让自己下降，有时风把它们吹到其他树上。它们降落在哪里，就在哪里开始新的生活。这一切从作茧开始。一开始，它们太小，没法把树的小碎片咬下来作茧，因此它们就会用自己的排泄物和丝来作茧。长得更大一些时，它们就会在茧上加上树叶之类的东西。

去哪儿找： 在美国，常绿树蓑蛾的分布范围从马萨诸塞州南部到佛罗里达州，西到内布拉斯加州和科罗拉多州。类似的种类在南北美洲的大部分地区、加拿大南部也有分布。由于蓑蛾数量庞大，并且对它们生活的树有害，因此我们没有理由不把它从野外带走。

如何制作蝴蝶或飞蛾标本

当你捡到一只蝴蝶或蛾子时，最好的保存方法是针插法。如果昆虫已经死了几个小时，它可能变僵硬了，这时你就无法再改变它的姿态。不过，如果当你发现它时它还比较新鲜，容易弯曲，你就可以把它的翅展开，展现出它最美的部分。这时你就需要一个昆虫标本板（有时也叫作展翅板）帮你完成这一切。展翅板是个很简单的装置，由两个抬升的平板和中间的一个凹槽构成，这个凹槽是用来放置蝴蝶的身体的，平板则可以把翅支撑起来。你可以用厚纸板、轻木板或塑料泡沫来做这个小工具。

你需要的是：
- 一块 10 厘米 X 15 厘米的纸板或者轻木板
- 一块 3 厘米 X 6 厘米 X15 厘米的轻木板
- 至少 4~6 块卡纸
- 胶水
- 大头针

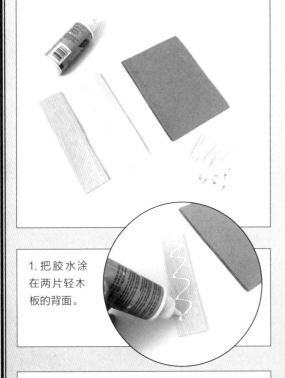

1. 把胶水涂在两片轻木板的背面。

2. 把轻木板粘在纸板上，两块轻木板之间留 2 厘米的空隙。

3. 把蝴蝶身体直接钉在凹槽中。轻轻地把翅展开，放在轻木板上。用细条卡纸固定住翅，然后钉住卡纸的末端。你一共可能需要 4~6 条卡纸才能把翅固定住。

4. 固定好的蝴蝶放置 24 小时后，它的身体就会被定型。除非把它的翅破坏，否则你将无法再改变它的姿态。把蝴蝶从展翅板上取下，钉在你喜欢的地方（也许是你自己做的橱柜中）！

如果昆虫已经死了一段时间，它的身体就会僵硬定型了。这种情况下，你可以从它的胸（头和腹之间的部分）直接扎下。可以扎在一块硬纸板上，也可以直接扎在你的橱柜中。用针扎入的时候，

注意不要扎到翅或足。让针在昆虫身体的上部和下部各空出一部分来，这样方便我们观看昆虫。如果你想看昆虫的腹部，可以直接把昆虫连着针一起取出来看。

蝇和蚊子

大多数昆虫都有 4 只翅。而"真正的蝇"（双翅目）只有两翅。取代后翅的是两根叫作平衡棒的小突起，它们可以在蝇飞行时帮助保持平衡。蝇的幼虫没有足，有的看起来就像是蠕虫，也就是所谓的蛆。有的蝇蛆有明显的、坚硬的头部。某些种类的蝇可以表演让所有动物汗颜的空中飞行特技。比如说，一些种类可以每秒扇动翅 1 000 次以上——这是动物王国最高的频率。很多蝇既可以正着飞也可以倒着飞，甚至可以降落在天花板上。

家蝇 (*Musca domestica*)

真核生物域
动物界
节肢动物门
昆虫纲
双翅目
蝇科
蝇属
家蝇

家蝇，也就是苍蝇，在夏天非常常见，它们总是在我们的家中"嗡嗡嗡"乱飞。它们也许是害虫，但也是一种非常有趣的动物。

比如，在进食前，家蝇会吐出一些消化液在要吃的食物上，先消化一部分食物再将它们吃进肚中。消化液中的酸可以把食物分解成液体，然后家蝇再吸食这些液体。对，家蝇不是吃食物，而是喝食物。家蝇会在食物上吐消化液，这是人们不喜欢家蝇的原因之一，因为有时它们甚至会停在人的身上，品尝汗水。

家蝇不仅吃人类的各种食物，还会吃一些我们并不认为是食物的东西。家蝇最喜欢的食物是鸟类的排泄物。还记得昆虫的粪便和尿液是混合在一起排出的吗？大多数鸟类也一样。家蝇特别喜欢流连于鸡舍之中，因为那里有很多排泄物。

　　家蝇另一个有趣的特点是它的大眼睛。它的每只眼几乎可以同时看到所有的方向，这就是我们很难偷袭它的原因。

去哪儿找：对于橱柜主人来说，家蝇是最容易找到的收集物。你可以在窗户附近守着，它经常会被光吸引飞向窗户。但它不知道玻璃的存在，会一次又一次地用头撞玻璃试图飞向阳光。和大多数昆虫一样，家蝇头脑简单，难以解决新状况。有时一只家蝇会停留在窗户附近，直到阳光把它晒干、晒死。

如何收藏：你可以像固定蝴蝶一样把针固定在家蝇的胸部。戴上手套处理它们，因为它们可能携带有害病菌。

反吐丽蝇 （丽蝇科）

反吐丽蝇非常漂亮，但同时也是最恶心的昆虫。说它们漂亮是因为它们有美丽的颜色。它们看起来像是有金属光泽的家蝇，有的是绿色，有的是蓝色，有些甚至是金色。

说它们恶心是因为它们是食腐动物。雌蝇把卵产在动物尸体的残骸中，幼虫孵化出来后吃尸体的肉。直到结蛹前它们一直在尸体里吃住。最令人感到惊奇的是反吐丽蝇寻找尸体的本事。它们可以闻到 16 千米外的尸体散发出的味道！

然而，这种灵敏的嗅觉也会被愚弄。我们已经讨论过模仿别人外观的动物，同样也有模仿动物尸体味道的花。它们的腐烂气味能吸引反吐丽蝇和其他食腐昆虫。反吐丽蝇落在花上，吸食花蜜，同时帮植物传粉。蝇把花粉传播到其他花上，这是一种帮助植物交配的方式。

去哪儿找： 反吐丽蝇有很多种类，包括丝光绿蝇和绿头蝇。丝光绿蝇更喜欢温带和热带地区——主要分布在南半球，而绿头蝇和其他反吐丽蝇在西半球的大部分地区都可以被发现。

蚊子（蚊科）

真核生物域
动物界
节肢动物门
昆虫纲
双翅目
蚊科

　　蚊子的生命周期很有趣。雌蚊子把卵产在水中，幼虫也生活在水中。它们吃水中的漂浮物，比如细菌、小型植物等。它们头朝下漂浮，通过尾部的呼吸管呼吸。

　　经过蛹的阶段，蚊子成虫以植物汁液为食。雄蚊子不会吸血，雌蚊子只在产卵前吸食人类或其他动物的血。血液为准备产卵的雌蚊子提供额外的蛋白质。怎么区分蚊子的雌雄呢？首先，只有雌性才会发出嗡嗡声。除非雄蚊子撞到你的耳朵，你听不到雄蚊子的声响。另外，雄蚊子有毛茸茸的触角。虽然蚊子有数百种之多，但并不是每种都会吸血。

去哪儿找：除了南极洲和冰岛，世界上其他地方都有蚊子存在。

如何收藏：蚊子很难收藏，因为它们的身体很容易折断。最好的方式是点涂法。首先你得切出一小块三角形硬纸板。纸板最好是白色的，这样昆虫看起来比较明显。在三角形的一个尖角上涂一点儿胶水，然后用这个尖角碰触昆虫的腹部，这样昆虫就被粘牢了，晾干。接着把一根针插入纸中，然后就可以将蚊子插在卡板或者泡沫板上了。

甲虫

成年甲虫像大多数昆虫一样有4只翅。它的前翅是硬的，折叠在背部，形成了保护后翅和腹部的硬壳。前翅被称为鞘翅，不同甲虫的鞘翅颜色各异。瓢虫鞘翅的颜色大部分是红底黑点；六月鳃金龟鞘翅的颜色为金色、翠绿色或棕色。

和家蝇、蜜蜂等一样，大部分甲虫的后翅也是透明的。甲虫主要靠后翅飞行。后翅平时折叠在鞘翅下。飞行时，鞘翅竖起，后翅展开。

世界上有40多万种甲虫。实际上，甲虫的种类比其他任何一种昆虫都多，所以你不用担心找不到甲虫。甲虫坚硬的鞘翅让它能在橱柜中保存很久。它身体其他部位的外骨骼，比如头部也非常坚硬，也能够保存很久。

下面是甲虫身上的有趣特征：

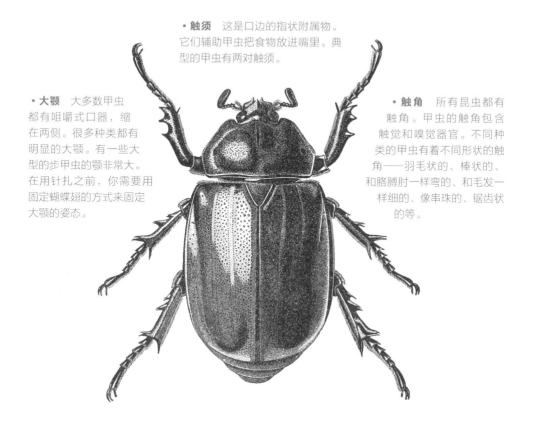

• **触须** 这是口边的指状附属物。它们辅助甲虫把食物放进嘴里。典型的甲虫有两对触须。

• **大颚** 大多数甲虫都有咀嚼式口器，缩在两侧。很多种类都有明显的大颚。有一些大型的步甲虫的颚非常大。在用针扎之前，你需要用固定蝴蝶翅的方式来固定大颚的姿态。

• **触角** 所有昆虫都有触角。甲虫的触角包含触觉和嗅觉器官。不同种类的甲虫有着不同形状的触角——羽毛状的、棒状的、和胳膊肘一样弯的、和毛发一样细的、像串珠的、锯齿状的等。

吉丁虫（吉丁科）

真核生物域
动物界
节肢动物门
昆虫纲
鞘翅目
吉丁科

吉丁虫在打孔。我不是说它们很无聊[1]，而是它们通过打孔的方式吃叶子、根、茎甚至树干。吉丁虫如彩虹般绚烂的颜色让它们变得有趣。它们闪闪发亮是因为外骨骼的外层部分是透明的。当你从不同的角度看吉丁虫时，它们的颜色会发生改变。吉丁虫的颜色还会随着灯光的亮度而变化。它们对吃的植物相当挑剔。有一种吉丁虫只爱吃森林大火烧过的松树。它可以闻到 80 千米外的松烟的味道，并且可以准确地感受到热度。

去哪儿找：世界各地都有吉丁虫，但是最好看的种类分布在印度、泰国、日本和亚洲其他地区。

彩虹吉丁
Cyphogastra javanica

宽翅吉丁
Catoxantha opulenta

赤胸锦吉丁
Chrysochroa buqueti

蓝彩虹吉丁
Polybothris sumptuosa gema

绿吉丁
Cyphogastra javanica

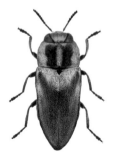

橙斑吉丁
Anthaxia passerini

绿尖翅吉丁
Sphenoptera rauca

针斑吉丁
Lamprodila rutilans

---

1. 原文为 Jewel beetles are boring。boring 有讨厌、无聊和钻孔的意思。——译者注

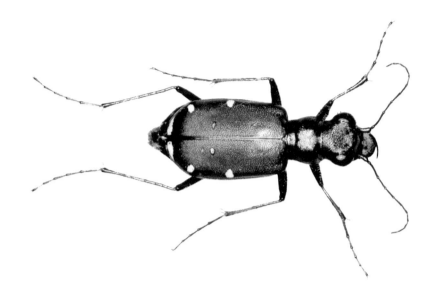

六星虎甲 *(Cicindela sexguttata)*

有时我们很难发现昆虫的眼，有的昆虫甚至没有眼，但是六星虎甲鼓鼓的眼很容易被观察到。除了眼，它脸部上的其他部分又小又尖，看起来像电影里的外星人。

它的大小和家蝇差不多，身体闪着金属般的绿光。鞘翅上散布着 6 个白色斑点。

为什么这种甲虫名字里有个"虎"字呢？因为它是其他小昆虫的危险天敌（当然对人类没什么危害）。它跑起来速度惊人，抓住猎物后便把猎物咬死，吃得只剩下足。

想要抓虎甲的话，你的速度必须足够快。还没等你靠近时，它就飞走了。即使它是正面朝向你的，它也可以倒着飞走。六星虎甲鼓鼓的大眼是它的巨大优势，它可以像家蝇一样看到任何方向的危险情况。

去哪儿找：六星虎甲可以在美国中部到东部海岸的森林地区找到，最北可到加拿大安大略省，最南到肯塔基州。

世界上有超过4000种花金龟。

近缘花金龟
Protaetia affinis

铜色花金龟
Protaetia cuprea

花金龟（金龟科）

真核生物域
动物界
节肢动物门
昆虫纲
鞘翅目
金龟科

　　花金龟属于金龟科花金龟亚科。它们中的大多数吃花蜜或水果，一小部分以吃昆虫为生。你可以通过不同的颜色来辨别不同的花金龟。其中一种深棕色带有白色斑点的花金龟看起来就像多米诺骨牌，有一种黑底橙色条纹的花金龟就像老虎的花纹，另一种有橙色、黄色、黑色斑点的花金龟看起来像是熔岩构成的。还有一种花金龟，它的头和前胸为红色，但是翅是闪着金属光泽的绿色、蓝色和金色。花金龟一共有 4 000 多种，其中数百种是色彩艳丽、值得收藏的。上图中的近缘花金龟（ *Protaetia affinis* ）闪烁着绿色或金色的光泽；铜色花金龟（ *Protaetia cuprea* ）则呈金色、古铜色、绿色和玫瑰红色。

去哪儿找：**花金龟在欧洲南部和中部最为常见。**

彩虹蜣螂 (*Phanaeus demon*)

真核生物域
动物界
节肢动物门
昆虫纲
鞘翅目
金龟科
显亮属

　　自然界中没有任何一件东西会被浪费掉，即使是粪便。有几千种不同科的甲虫都专门吃粪便，尤其是像牛和大象这种草食性动物的粪便。这些甲虫共有 3 种处理粪便的方式。远生性粪甲虫在地上把粪便滚成球，有时这些球比它们自己还大，然后把卵产在粪球里。幼虫孵化出来后，从里面开始吃粪球。内生性粪甲虫只是简单地找到一堆粪便然后生活在里面，当然也会在里面产卵。外生性粪甲虫会在粪便下面挖隧道，它们把粪便碎片拖进隧道滚成粪球，然后在粪球里产卵。大多数粪金龟的形状都很有趣，比如，它们足上有用来处理粪便的特殊的梳状结构，还有头上的角。有些最漂亮的种类出自显亮属。上图的彩虹蜣螂是灿烂的金属绿色，彩虹圣甲虫是多种颜色的糅合。最吸引人的甲虫的颜色是泛着金属光泽的红色、绿色、古铜色的混合。

去哪儿找：彩虹蜣螂在美国东部有分布，最西可以到科罗拉多州。

龙虱（龙虱科）

　　龙虱是一种肉食性昆虫，以捕食其他动物为生。这种大型潜水甲虫可以吃其他小虫、蝌蚪和小鱼。龙虱的幼虫被称为水老虎，生活在池塘和溪流中。它呈长长的蛇形，但是有着和甲虫成虫一样的足。龙虱用强大的颚去抓水中的其他生物。

　　龙虱的幼虫长大后依然生活在水中，可以长到近 4 厘米。其形状和光滑的表面让它可以在水中穿梭。它甚至把前部和中部的足折叠在胸下面，后部的足向前折在腹部下方，让自己变成流线型。从上面看，你压根看不到它的足。整个虫子看起来就像一颗深棕色的泪滴。它生前、死后都会保持这个形状。当你在池塘看到它时，可以用棍子戳戳，看它有没有死。

　　像生活在水里的许多其他甲虫一样，龙虱有宽大的后足来辅助游泳。后足位于龙虱身体的中部。游泳时，龙虱就像划船桨一样划动后足。它疯狂地划动，在水塘里忽上忽下。

去哪儿找：可以在世界各地的湖泊、岩石上的小池塘和其他水生环境中找到这种水生昆虫。

瓢虫（瓢虫科）

真核生物域
动物界
节肢动物门
昆虫纲
鞘翅目
瓢虫科

瓢虫生物英文名叫作 ladybugs 或者 ladybirds，它并不真的是臭虫（bug），或者鸟类（bird），而是一种甲虫。瓢虫科家族庞大，种类超过 5 000 种。大多数的鞘翅都呈红色、橙色、黄色，并带有黑色斑点。身体的其他部位具有代表性的黑色和白色斑点。它圆圆的，像颗水滴。这种造型非常坚固，不容易被压碎，同样也让天敌如蚂蚁很难抓住它。

很多瓢虫本身就是捕食者，以小型节肢动物为食，比如蚜虫、介壳虫和螨虫。这些节肢动物喜欢粮食作物和果树，因此瓢虫在花园和果园里也比较受欢迎。但是，当人们想要引进额外的瓢虫来控制蚜虫时，问题就出现了。在 1916 年，一种叫作小丑瓢虫的亚洲种曾经被引进美国。这种瓢虫确实吃了大量的蚜虫，但是它们不像本地种一样满足于聚集在树上度过寒冬，而是选择入侵人类的房屋。在明尼苏达州和威斯康星州，冬天最冷的时候依然可以在室内发现这种甲虫。它们在飞行中撞击灯泡，甚至在人睡觉时爬到人

有很多与瓢虫有关的谣言。其中一种说法是它会带来好运，反之如果谁杀死它就有厄运降临。另一个谣言是，瓢虫身上有多少斑点，就代表它几岁。实际上瓢虫身上不同的斑点数和它的种类有关。世界上有超过5 000种瓢虫呢！

的身上。

有一种瓢虫具有神似黑脉金斑蝶一样的橙黑配色，它们发出的是相似的警告：我的味道一点儿都不好。瓢虫不仅不好吃，它膝关节上的腺体还会分泌难闻的液体来威慑天敌。你可以让瓢虫在手上爬，不用担心它会释放出臭气。当然要记住，别去捏它。

去哪儿找： 有 5 000 多种瓢虫遍布世界各地。在美国，你可以在夏天的田野、森林、公园和院子里发现它们。有时寒潮过后，它们会大量聚集在被阳光照亮的建筑上，这种现象在初秋最为典型（取决于地理位置和气候条件）。

英文中，瓢虫（ladybugs）也叫作ladybirds。

有一首关于瓢虫的童谣非常受欢迎：瓢虫妈妈，瓢虫妈妈，快飞回家；你的家着火了，你的孩子都飞走了；除了一个小小安，她被盖在温暖的平底锅下啦！

巨大犀金龟 *(Dynastes hercules)*

真核生物域
动物界
节肢动物门
昆虫纲
鞘翅目
犀金龟科
独角仙属
巨大犀金龟

犀金龟科也被叫作独角仙科，因为雄性犀金龟通常有犄角——一个从头上弯出，另一个从胸部向前突出。它们都有结实持久的外骨骼。犀金龟中的一些属于已知的最大的昆虫，比如巨大犀金龟，最大的雄性犀金龟有 17 厘米长，其中角占了很长一部分。还有另外两种犀金龟可以达到这个尺寸。虽然看起来体形庞大，但是犀金龟对人类是无害的。它的口器不是用来咬人的。

巨大犀金龟具有黑色头部的蠕虫状幼虫的体形也很大，胖胖的，可以长到 11 厘米。受到攻击的时候，它会把自己卷成"C"字形。此时的巨大犀金龟如成年人的一只手那么大。

它的幼虫喜欢吃腐木，成虫喜欢吃落果。雄性位于下部的角看起来有点儿像分枝的鹿角。上面的角像一把梳子，锈色的梳毛从底下伸出来。

去哪儿找：犀金龟可以在南美洲和中美洲的热带雨林里，以及加勒比海的一些岛屿上找到。

独角仙是世界上最强壮的动物之一！成年的犀牛甲虫可以举起自身体重800倍的物品。这相当于成年男性同时举起40辆车。

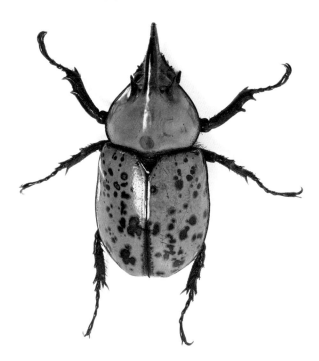

如何制作甲虫标本

对于甲虫，针插法是最容易的保存方式。从胸部的正中插入针，如果胸部壳太硬，可以从胸部以下、两翅之间的腹部插入针。在这个位置插入针可以让鞘翅张开。你可以展开膜翅给大家观看，或者让膜翅收拢，只展示鞘翅。

插针时，可能会突然弄破胸部的外骨骼。这没什么影响，因为甲虫也会不小心弄破自己的外骨骼。比如六月鳃角金龟围着门廊灯"嗡嗡"地转时，很可能猛撞建筑物然后弄伤自己。它会继续活动，似乎不介意外骨骼有几条裂缝。针插甲虫时，也有可能碰断一两只足，尤其是已经死了超过一两天的甲虫。这也不必担心。如果真的很想拥有一个完整的标本，我会选择用胶水把足黏上。

你也可以简单地把甲虫装在透明塑料袋里，然后放进橱柜。如果你想以后把它拿出来触摸，这是个不错的办法。透明袋可以让你全方位地观察甲虫。你触碰得越多，足和触角就掉得越多。除这些部分之外，其他部位即使经常触摸也可以保存得很好。因为可以触摸，收集甲虫比收集其他昆虫更多了一些乐趣。

蝗虫

　　蝗虫是天生的跳跃健将，有着非常有力的后足和相对较短的触角。它是不完全变态昆虫。若虫看上去就像是没有翅的成虫。为了和螽斯区别开来，它有的时候也被叫作"短角蝗"。蝗虫会伪装自己来防备天敌。为了在不同的植物上藏身，它身体的颜色也非常多样，有的像粗糙的树皮灰色，有的是苍白的薄荷绿色，有的则像是秋叶一样斑驳的红色。最大的蝗虫比可乐罐子还要大。仔细观察蝗虫，可以看到它有许多口器和5只眼。到目前为止，科学家已经鉴别和分类了11 000多种蝗虫。

　　在这些种类中，有十几种蝗虫的亲缘关系相对较远。当它们的数量激增，超过了食物所能承受的范围后，这些蝗虫就会改变身体的颜色，长成更大、更强壮的成虫，集群长距离飞行，以便获取更多的食物。

　　蝗虫与蟋蟀、螽斯的关系十分亲近，有时甚至很难区分。下面列出的特征有时也不一定准确，但是大多数时候可以帮你鉴别一些特定的昆虫。

蟋蟀和螽斯
·触角长
·通过摩擦前翅发出声音
·夜间活跃
·有时杂食

蝗虫
·触角短
·用后足摩擦前翅发出声音
·白天活跃
·草食性

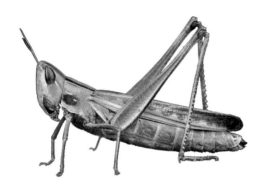

赤腿蚱蜢 (*Melanoplus femurrubrum*)

真核生物域
动物界
节肢动物门
昆虫纲
直翅目
蝗科
黑蝗属
赤腿蚱蜢

这种昆虫在美国、加拿大和墨西哥很常见。它一般呈绿色、黄色或黑色，偶尔也有鲜艳的蓝色或橙色斑点。最明显的特征是它的巨大后肢有一块红色部位。它吃上百种不同的植物。和许多蚱蜢一样，它把卵藏在土壤里越冬。成虫会随着霜冻的到来而死亡，而卵则在春天孵化，延续种族的生命。

去哪儿找： 这种蝗虫在整个北美地区都可以被找到。

沙漠蝗 (*Schistocerca gregaria*)

真核生物域
动物界
节肢动物门
昆虫纲
直翅目
蝗科
沙漠蝗属
沙漠蝗

蝗虫因为食量大而有名。它一天可以吃下和自己体重一样的食物。在非洲部分地区、中东和亚洲，数十亿只沙漠蝗成群结队能把方圆 1.6 千米内的植物吃得片甲不留。这样的蝗群会导致饥荒。在某些年份，地球上 1/10 的人因为蝗灾而遭受食物短缺的威胁。由于蝗虫在飞行时会相互摩擦碰撞，它们的粪便和外骨骼碎片充斥在空气中，甚至可以形成一股烟雾。

去哪儿找： 沙漠蝗在非洲、中东和亚洲有分布。

螽斯和蟋蟀

螽斯看起来有点儿像蝗虫，因为它们的后肢比前肢和中肢粗壮得多。实际上，螽斯有时被叫作"长角蝗"。有的并不是真正的角，而是触角。螽斯的触角比身体的其余部分都要长。

螽斯另外一个引人注目的特点是长长的产卵器，这是它专门用来产卵的工具。一些昆虫的产卵器从它们的背部伸出。最知名的产卵器要数黄蜂和蜜蜂的刺。大多数人只知道这些刺会蜇人，但不知道它们也可以用来产卵。螽斯有两个长长的产卵器，看起来像是一对从背部伸出的佩剑。

许多螽斯的翅在背后合拢拱起，像屋脊一样。也有些螽斯是没有翅的，它们只能走路。

螽斯的名字源于它们的鸣声。雄性通过用足摩擦前翅的发音器（前翅上的特殊结构）来发出声音。有一种常见的身色鲜艳的绿色螽斯，看起来很像叶子。这种保护色可以让它躲在树上，逃避天敌。

如何制作蝗虫或螽斯标本

收集蝗虫的困难之处是它腹部肉太多。腹部内的液体不会像其他小标本一样自己干掉，相反会腐烂、渗出，臭得一塌糊涂。用针插法制作这种类型的昆虫标本有个特殊的技巧，就是去除它的内脏。也就是说先把液体排出，而不是放任它自己腐烂。去除内脏时需要小心谨慎，因为要用到锋利的工具。儿童需要在成人的帮助下操作。

1. 首先，像往常一样针插昆虫。记住，要从胸部垂直插针。大多数昆虫的这个部位都很坚硬，即使它们别的部位很柔软。

2. 现在，你需要一个小而锋利的刀片，削苹果的刀就可以。在昆虫软软的腹部切个小口，开口应该是沿着腹部纵切，这样人们就不会注意到。你也可以切开昆虫坚硬的外层，但是不能比这个深。

3. 接着，把内脏取出来。比较幸运的情况是，它们会像水一样一滴滴地涌出来。否则，你就需要亲自把它们取出来。最好的办法是用一个小注射器，把液体轻轻抽出。

如果你不想将它开膛破肚，可以把这些湿软的虫子装进盛满外用酒精的小玻璃瓶中。酒精可以杀死细菌，所以昆虫可以保存很久也不会腐烂。但是有时酒精会使昆虫鲜亮的颜色变得黯淡，因此我不推荐用这种方法保存蝴蝶。酒精的挥发物质会刺激你的眼睛，所以使用时需小心。

蟋蟀（蟋蟀科）

真核生物域
动物界
节肢动物门
昆虫纲
直翅目
蟋蟀科

蟋蟀以其鸣声闻名。只有雄性蟋蟀会发出声音，以此吸引雌性。雌性蟋蟀可以通过雄性的鸣声获得很多信息：除了位置外，还可以知道这只雄性是否健康、吃得好不好。雌性蟋蟀会选择所听到的最健康的雄性进行交配。即使蟋蟀不鸣叫，你也可以通过尾部是否有长长的产卵器来判断雌雄。虽然雌性和雄性蟋蟀身后都有伸出来的感觉器官，但是只有雌性才有长长的棒状产卵器。

去哪儿找：温暖的季节里，可以在世界各处的田野和草地发现蟋蟀。

摩门螽斯 (*Anabrus simplex*)

真核生物域
动物界
节肢动物门
昆虫纲
直翅目
螽斯科
螽斯属
摩门螽斯

摩门螽斯的体形非常大，可以长达 7.5厘米。它吃植物和其他昆虫。有的时候数百万只摩门螽斯蜂拥而至，可以吃光视野范围内的一切植物。不像飞行的蝗群，它们没有翅，只能步行前进——有时一天可以走上 1 600 多米。在行进过程中，它们不仅吃光沿途的植物，就连动物的尸体也不放过，比如被车撞死的臭鼬。科学家曾经发现摩门螽斯吃掉了响尾蛇的实例，但是没人知道到底是摩门螽斯杀死的这条

蛇，还是这条蛇在被它们发现时就已经死了。摩门螽斯也会因为走路太慢而被其他动物踩死或吃掉。有时它们集结的队伍过于庞大，会对开车的人造成危险——大片昆虫被汽车碾碎，路面上到处都是滑溜溜的内脏，这可能会造成车祸。

去哪儿找： 摩门螽斯在美国西北部的田野和草地都能找到。向日葵是它们的最爱，所以去向日葵盛开的地方找它们吧。

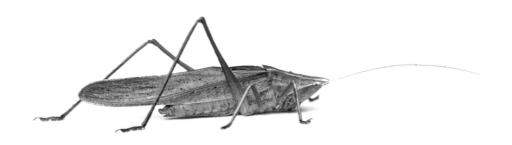

锥头螽斯（草螽亚科）

作为螽斯的它看起来很普通：细细的足、纤细的触角、长长的产卵器。把它和其他螽斯区分开来的是其尖尖的脑袋。尖尖的头部使它看起来不像一只昆虫，从而逃过捕食者的魔爪。它的头看起来很锋利，像是刺或者叶柄。它通过伪装和植物融为一体，所以头部通常呈绿色或棕色，但头部顶端可能是完全不同的颜色——蓝色、黄色、黑色甚至橙色。有时头顶让整个头部看起来像是戴了顶小丑帽子。

去哪儿找： 锥头螽斯在美国东部沿线都有，最西可以到得克萨斯州。

蜻蜓和豆娘

蜻蜓有着长而纤细的身体、大眼和 4 只透明的翅。我们常常能看到它飞过湖泊、河流、池塘甚至开着喷水器的后院。它生活在水域附近，主要是因为其食物蚊子大部分时间都在水源附近活动。蜻蜓在飞行过程中捕捉蚊子。它把足扣成篮子状，当蚊子"嗡嗡"飞过时，一下子把蚊子捞上来。它也吃其他小飞虫，如蜜蜂和家蝇。

蜻蜓幼虫生活在水里。和蝗虫、螽斯一样，蜻蜓也是不完全变态昆虫。所以我们把它的幼虫叫作若虫。生活在水中的蜻蜓若虫有个专门的名字叫稚虫。

蜻蜓的稚虫没有翅，通过尾部的气管鳃呼吸。当它遇到天敌需要快速逃走时，会猛地从后端喷射出一股水流推动自己快速离开。换句话说，它通过放屁来推动自己。没有危险的时候，它就在水里游来游去，吃水里的生物，比如水生昆虫，有时甚至会吃鱼和蝌蚪。但它最爱的食物还是蚊子的幼虫。蚊子的幼虫也生活在水里。可以说，吃蚊子是蜻蜓一生的事业。

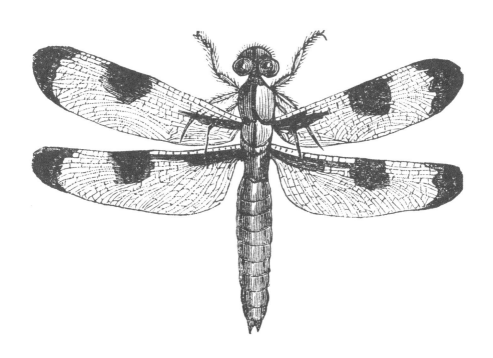

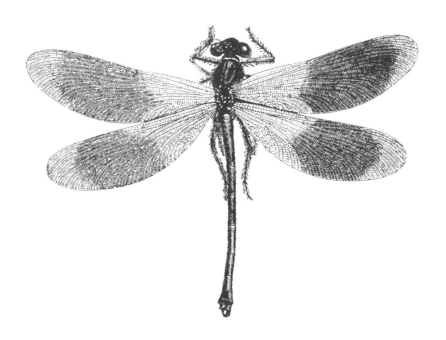

　　蜻蜓一生的大部分时间是以稚虫的形态存在的，前几年都是稚虫，变为成虫后只存活 6~8 周。蜻蜓的飞行速度很快，很难被抓到。像家蝇和虎甲虫一样，它有一双可以同时看到不同角度的大眼，这让它很难被偷袭。它脆弱而美丽的身体有许多颜色——金属质感的蓝色、黑色、棕色、绿色，甚至红色。

　　蜻蜓有个近亲叫作豆娘，它们看起来确实很像，不过，豆娘比蜻蜓更修长。可以通过它们降落的姿势来确切地判断到底是蜻蜓还是豆娘。蜻蜓的翅在降落后也会保持飞行时的姿态，在身体两侧水平展开，看起来就像架小飞机；豆娘降落后翅会合拢在背上。

　　豆娘像蜻蜓一样在空中捕食小虫，但它们也攻击停留在植物上的昆虫。

　　蜻蜓和豆娘都属于蜻蜓目。这是一个古老的目，最早的成员已经变成了化石，这些化石可以追溯到 3.25 亿年前，比恐龙还要早。没有骨头的动物怎么形成化石？一些古老的蜻蜓被困在沉积物中，后来被压成石灰岩。构成它身体的物质已经消失了，但是印痕留在了石头上。有的印痕十分精致，你可以看到翅的脉纹。在这些蜻蜓化石中，有些翼展可以达到 76 厘米，和鸽子差不多大。

碧伟蜓是美国华盛顿州的官方标志昆虫。

碧伟蜓 (*Anax junius*)

真核生物域
动物界
节肢动物门
昆虫纲
蜻蜓目
晏蜓科
伟蜓属
碧伟蜓

碧伟蜓可以长达 7.6 厘米，差不多和成年男性的食指一样长。翼展约 11 厘米，比我们的手掌还要宽。它圆鼓鼓的眼呈棕色，脸上有黄黑相间的图案，看起来就像箭靶，胸部为绿色。雄性碧伟蜓的腹部是亮蓝色的，雌性的腹部为紫色。

去哪儿找：**碧伟蜓遍布北美，以及加勒比海和亚洲的部分地区。**

火焰蜻蜓 (*Libellula saturata*)

真核生物域
动物界
节肢动物门
昆虫纲
蜻蜓目
蜻科
蜻属
火焰蜻蜓

这种蜻蜓根据雄性的颜色来命名。它的身体为热烈的橙色；翅上有橙色透明脉纹，看起来像彩色玻璃；眼是棕色或深红色的。雌蜻蜓差不多有女性的食指那么长。

去哪儿找：**火焰蜻蜓在美国西南部的田野和公园中可以找到。它们喜欢温暖的池塘和溪流。**

黑翅豆娘 *(Calopteryx maculata)*

真核生物域
动物界
节肢动物门
昆虫纲
蜻蜓目
色蟌科
色蟌属
黑翅豆娘

雄性黑翅豆娘的身体呈冷金属光泽的蓝绿色。它的翅像黑色的天鹅绒。雌性有着褐色的身体和黑玻璃一样的翅。它的翅尖有白色斑点。黑翅豆娘的飞行方式十分特别。大多数蜻蜓和豆娘都能快速飞行，但是黑翅豆娘像蝴蝶一样振翅，被描述为"微风吹起的丝绸"。

如何保存蜻蜓

保存蜻蜓最好的办法是针插法。蜻蜓死后依然很脆弱，很容易被弄破，但是它仍然非常适合保存在橱柜里。因为它肚子里液体很少，所以不会弄得一团糟。

1. 把蜻蜓放在展翅板上。展翅板可以是塑料泡沫或者软板做成的。中间应该有足够大的凹槽来摆放蜻蜓的身体。

2. 轻轻把蜻蜓的身体放在凹槽中。

3. 用针垂直穿过蜻蜓背部，前翅正中间的位置。

4. 用针穿过蜻蜓尾部，保证它不会旋转。

5. 蜻蜓的翅应该和展翅板齐平。如果需要的话，可以用蜡纸和支撑针把翅轻推到合适的位置，干燥数天。然后把支撑针和蜡纸移开。从展翅板取出标本，放进你的好奇心橱柜。

竹节虫和螳螂

昆虫会想出各种办法来躲开天敌。有的昆虫飞得特别快，比如六星虎甲；有的口感不好，所以其他动物都不想吃它们，比如黑脉金斑蝶；有的则会伪装，比如蓑蛾和锥头蚱蜢。还有一种善于伪装的昆虫是竹节虫，看起来像叶子或者树枝。树枝状的竹节虫被人们称作"拐杖虫"。

竹节虫行动迟缓，不擅长逃跑。相反，它擅长静静地趴着，越静止就越像植物的一部分。

竹节虫有些伪装的小技巧。有一种竹节虫的卵很像种子。有的蚂蚁喜欢吃种子，它们会把这些卵收集起来搬回蚁窝。竹节虫的卵在蚁窝里非常安全，没有捕食者可以吃到它们。那蚂蚁会吃它们吗？蚂蚁会吃看起来不错的那部分，而不会吃到竹节虫幼虫。吃完卵壳，蚂蚁就会把剩下有竹节虫幼虫的那部分卵随意丢在蚁巢里。很快，若虫孵化出来。它看起来就像只小蚂蚁。蚂蚁会喂它、照顾它。某天，小竹节虫偷偷溜出来，爬到植物的茎上。现在，它可以开始一只竹节虫的生活了。蚂蚁永远都不知道自己喂养过一个冒牌货。

螳螂有双圆鼓鼓的眼和用来捕食的钩形前肢。通常它都会把前肢举在前面。螳螂是粗暴的捕食者，但它本身也是猎物。更大的动物，比如猫和鸟都会吃它。像竹节虫一样，螳螂通过伪装保护自己——它和栖身的植物颜色相同。

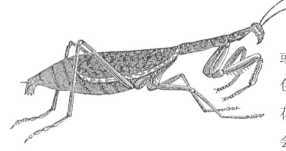

比如，它可以和叶子一样是绿色的，或和树皮一样是棕色的。有的螳螂是粉色或白色的，因为它生活在这种颜色的花上面。为了适应周围的环境，它甚至会改变身体的颜色。为了躲避天敌和寄生虫，螳螂也会把卵藏起来。它把卵藏在卵鞘里，看起来像部队的营房——扁长形、顶上是圆的。通常卵鞘会被粘在坚硬的表面上，比如树枝或者篱笆上。它比大多数木头都要硬，因此把它撬下来几乎是不可能的。它粘得很紧，如果想把它敲下来，一定会破掉。

螳螂是如何制造这个卵鞘的呢？这和人类用水泥制造东西的原理一样。为了制作水泥物品，首先你得把特殊的粉末和水搅拌成黏稠的灰色液体。然后，把灰色液体倒入你想要的形状的模具中，液体干了后就硬化成了水泥制品。螳螂并没有特殊的粉末，但它体内可以分泌黏稠的液体。它从尾端把液体像挤牙膏一样挤压出来，一边挤一边移动来塑造它想要的形状。卵已经产在液体中，虽然你看不到，但是它们整齐地排成两排。液体遇到空气后硬化，形成卵鞘。在卵鞘的保护下，螳螂卵可以安全地躲过大多数捕食者。

小螳螂在卵里面慢慢长大，它们可以在几天之后孵化出来。不过如果冬天到了，它们会等天气变暖了再孵化。

孵化后，每只若虫都想离开卵鞘。它们在卵鞘上咬开一个小洞。若虫暗淡无色，像鼻涕一样，形状已经和成年螳螂一样了。因为螳螂幼虫喜欢吃自己的兄弟姐妹，所以它们生命中的第一关就是从卵鞘中离开。如果它们离得太近，就会沦为自相残杀的牺牲品。每只螳螂都会独自前行，在草叶间寻找庇护，不然的话，幼虫很容易被别的动物比如鸟吃掉，因为它们实在是太弱小了。

现在只有卵鞘被独自留下，在它的顶端有两排被幼虫咬出的精致的洞，你得仔细看才能发现这个洞。如果你没看到洞，说明幼虫还没有孵化出来。

普通竹节虫 (*Diapheromera femorata*)

真核生物域
动物界
节肢动物门
昆虫纲
竹节虫目
笛竹节虫科
竹节虫属
普通竹节虫

　　这种竹节虫以很多植物为食，不过它最喜欢的是橡树和山核桃树。它的身体和那些树融为一体，看起来就像是一根分枝。它的头和尾看起来像山核桃树枝上的芽，而触角又细又长，差不多是身体的 2/3。它的尾端有一对钩状结构，叫作尾须。

去哪儿找：在北美的森林里很容易看到。

薄翅螳螂 (*Mantis religiosa*)

真核生物域
动物界
节肢动物门
昆虫纲
螳螂目
螳螂科
螳螂属
薄翅螳螂

　　薄翅螳螂的名字源于它捕食的姿态给人们留下的错误印象，看起来像是在祈祷[1]。螳螂通过打手势狩猎，绊住它看到的任何移动的昆虫。你可以通过几个方式分辨雌雄。第一，雌性前足的腋下有黑斑。第二，雄性的腹部细长，像树枝一样；雌性则比较粗，成球根状。第三，只有雄性有翅，它需要在交配的季节去寻找雌性；有时雌性会在交配后或者交配时吃掉雄性。

去哪儿找：地球上有数千种螳螂，遍布温带和热带地区。

---

1. 螳螂的英文名 Praying Mantis，其中 Praying 是祈祷的意思。——译者注

蝉

蝉的体形很大，声音响亮。雄蝉通过腹部特殊的鼓膜发出"知了、知了"的声音，来吸引雌性。它胖胖的身体里面有一部分是中空的，所以声音可以在它体内回响。它的喉部也有特殊的结构，可以产生传播更远的回声。雄蝉的叫声如此之大，甚至可以淹没人们的说话声。它可以连着叫好几个小时。在美国，一般越往南方的蝉，叫声越响亮。雄性在树上不停地鸣叫，直到有雌性被吸引过来。交配后，雌蝉会在树皮上有划痕的地方产卵。

蝉是一种完全变态昆虫。幼虫孵化出来后，掉到地上，然后钻进土里，并在地下生活很久。有些种类甚至能在地下生活 17 年。

当它准备变成成虫时，会挖一条隧道通向地表。隧道的开口差不多和人的食指一样粗。夏天的时候，很容易在地上看到几十个这样的洞。从隧道钻出来后，灰色或褐色的幼虫在地面笨拙地爬行，直到找到可以攀爬的树或者栅栏。它会往上爬 30~60 厘米，然后褪掉外骨骼。蝉幼虫的外骨骼是一层坚硬的壳，像蝴蝶的蛹一样。壳从后背裂开，成年蝉把自己从壳中拉出来。刚从壳里出来时，蝉的翅是皱皱的，然后慢慢地展开。刚出壳的蝉呈绿色，随着翅的舒展，它的颜色也在发生变化，而最终的颜色则取决于它所属的种类。世界上大约有 2 000 种蝉。

秋蝉（*Tibicen canicularis*）

真核生物域
动物界
节肢动物门
昆虫纲
半翅目
蝉科
蛾蝉属

和大多数蝉一样，秋蝉活跃在"三伏天"——夏天最热的时候（七月初~九月初）。很多蝉都是"知了、知了"地叫，但是秋蝉叫起来像蚊子的"嗡嗡"声，不过它的声音比蚊子响亮多了。这种蝉看

起来很特别，黑色的身体，透明的翅上有绿色脉纹。它的幼虫喜欢吃松树和橡树的树根。

去哪儿找：秋蝉在美国北部有分布，东至落基山脉，北至加拿大南部。

蜜蜂和胡蜂

人们通常会把蜜蜂和胡蜂混淆，尤其是黄黑条相间的胡蜂看起来就像一只蜜蜂。然而，蜜蜂比许多胡蜂更温和，它们叮完人就会死掉，而胡蜂不会。蜜蜂只吃花粉和花蜜。胡蜂食性很杂，它们吃水果、含糖液体、人类的食物，甚至其他昆虫。这就是你总能看到胡蜂在垃圾桶和饮料瓶附近嗡嗡地飞来飞去，而真正的蜜蜂只喜欢在花丛中飞的原因。

有些胡蜂是寄生蜂，它们寄生在另外一些动物体内，在寄主依然活着的时候就以寄主为食。比如，毛虫寄生蜂会把卵产在毛毛虫体内。它的幼虫在毛毛虫体内孵化，并在毛毛虫体内挖洞。当毛毛虫不停地吃叶子的时候，寄生蜂幼虫在里面吃毛毛虫。最终，寄生蜂的幼虫变成了蛹。当毛毛虫死掉时，寄生蜂成虫就会爬出来飞走。

蜜蜂（蜜蜂属）

胡蜂（胡蜂属）

· 蜜蜂的身体是毛茸茸的。
· 飞行时，你看不到它的足。
· 蜜蜂只能蜇人一次，蜇人后会死亡。

· 胡蜂的身体光滑无毛。
· 飞行时，胡蜂两条细长的足会垂下来。
· 胡蜂可以蜇人很多次，蜇人后不会死。

在每个蜜蜂群体中，都有3种蜜蜂：蜂后、工蜂和雄蜂。雄蜂的唯一工作就是给蜂后的卵授精。蜂后是蜂群的创建者，大多数时间都在产卵。工蜂也是雌性，与蜂后相比体形更小，外形也和蜂后不一样。它们的职责是喂养幼虫、寻找食物、清洁并保护蜂巢。工蜂有些令人称奇的本领。它们会通过有规律地跳舞来告知同伴所发现的采蜜地点，也可以通过快速拍打翅来提高蜂巢的温度。

泥蜂（壁泥蜂属）

真核生物域
动物界
节肢动物门
昆虫纲
膜翅目
泥蜂科
壁泥蜂属

泥蜂用泥巴来筑巢。它先做出泥管，然后飞去找蜘蛛。它把蜘蛛蜇麻痹后，带回去塞进泥管中，然后在蜘蛛身上产卵。泥蜂重复这个过程，直到泥管里塞满了蜘蛛。当泥蜂的幼虫孵化出来后，每只幼虫都可以吃自己的专属蜘蛛。

去哪儿找：世界各地广泛分布着不同种的泥蜂，整个北美洲都可以找到。

胡蜂（胡蜂属）

真核生物域
动物界
节肢动物门
昆虫纲
膜翅目
胡蜂科
胡蜂属

这种胡蜂用纸筑巢。它通过咀嚼树木，然后混合口水来造纸。这和人类造纸的原理惊人地相似：我们把木材磨碎，然后混入水和某些化学物质。胡蜂把咀嚼的木头糊吐出来筑巢。巢通常倒挂在一些地方，比如树枝或者屋檐下。刚开始筑巢时，只有蜂后一个成员。它把纸做成一些小的管状结构，每个管叫作一个巢室，像卫生纸中间的卷筒，当然会小很多，直径跟铅笔的差不多大。在每个巢室里，蜂后会产一枚卵。卵孵化成像蠕虫一样白白胖胖的幼虫，它们的头部是硬的，通常为棕色或红色。

蜂后会把其他昆虫嚼成糊状的营养物质，然后直接吐到幼虫的嘴里来喂幼虫。几天后，幼虫变得胖胖的，塞满整个巢室。蜂后会造更多的纸，给蜂室做盖子，把幼虫密封进去。幼虫在这些巢室里面变成蛹。表面上看蛹是静止的，但幼虫的身体在里面慢慢地发生变化。它们的外骨骼开始变硬。在外骨骼里面，它们从蠕虫状的幼虫长成胡蜂成虫。完成整个变化过程后，它们便从外骨骼中钻出来，然后咀嚼穿过巢室的盖子。

现在这些成虫的新身份就是工蜂。工蜂不交配也不产卵。从此之后，工蜂的使命就是寻找食物并建造更多的巢室，而蜂后就开始一心一意地产卵了。蜂巢会随着巢室的增加变得越来越大，不久之后，它就可以容纳数百只胡蜂。

去哪儿找：世界上有上百种胡蜂，哪里都可以看到。

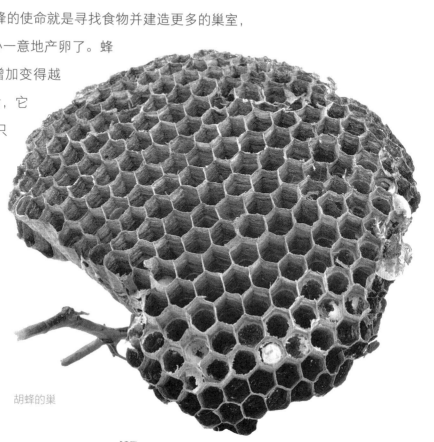

胡蜂的巢

熊蜂（熊蜂属）

真核生物域
动物界
节肢动物门
昆虫纲
膜翅目
蜜蜂科
熊蜂属

熊蜂在地下群居，它们往往会选择其他动物，比如鼠类废弃的洞穴。与数以万计的蜜蜂群体相比，熊蜂蜂群一般会少于 50 只个体，规模比较小。熊蜂总共有超过 250 种，身上毛茸茸的，大部分都有黄黑或橙黑交替的警示条纹。和黑脉金斑蝶或瓢虫不同，熊蜂不以难吃的口感著名，而是以具有蜇人很痛的刺被大家所知。

去哪儿找：除了非洲南部、澳大利亚、中东和南极洲，熊蜂在其他地方都有分布。

蜜蜂（蜜蜂属）

真核生物域
动物界
节肢动物门
昆虫纲
膜翅目
蜜蜂科
蜜蜂属

蜜蜂的巢和胡蜂的巢很像。容纳蜜蜂巢的空间叫作蜂房，可以是树干、岩洞或者人特制的盒子。蜂巢的每个隔间叫作蜂窝，里面住着幼虫和蛹，当然也有蜜蜂成虫。蜜蜂从植物中吸取汁液，在自己身体里将它们消化，然后把消化了的液体吐回蜂巢。为什么蜜蜂会酿蜜？因为这是它的食物。蜜蜂找不到植物汁液的时候，就会吃蜂蜜，这种情况大多发生在冬季。当然，人类也爱蜂蜜。这是一种不容易变质的食物！

去哪儿找：你可以在养蜂人那里甚至杂货店找到蜂巢。用密封的罐子来保存蜂巢，可以防虫。

蜜蜂巢

昆虫术语

与昆虫相关的术语有时令人十分疑惑，原因之一是有的单词来源于一些更加古老的语言，比如拉丁文和希腊文。我在下面列举了一些这类单词。需要的时候，你可以翻到这页来查询。

术语	含义	别称
幼虫	蠕虫状的幼年昆虫	幼体
蛹	昆虫从幼虫到成虫中间的状态，在这个阶段相对保持静止	—
成虫	成年的昆虫	—
若虫	不完全变态的昆虫的幼虫，它没有翅	—
稚虫	生活在水中的昆虫若虫	—
触角	昆虫头上的探测器	—
茧	毛毛虫吐丝做的袋子，在里面它会变成飞蛾	—
蝶蛹	蝴蝶从幼虫到成虫的过渡形态，有着坚硬的外壳	蛹
雌雄异型	同一种昆虫的雌性和雄性的外形非常不同	性二型
外骨骼	昆虫或其他节肢动物的壳	—
残骸	死去的动物	尸体
卵鞘	螳螂、蟑螂装卵的囊	卵囊
胸	昆虫身体的中部，连接足和翅	胸部
腹	昆虫身体的后部，含有肺等重要器官	腹部
完全变态	昆虫的一生经过 4 个阶段的形态变化：卵、幼虫、蛹和成虫	完全变态昆虫
不完全变态	昆虫的一生经过 3 个阶段的形态变化：卵、若虫和成虫	不完全变态昆虫

如何避免被蜇

警告： 胡蜂蜇人很疼，对于过敏体质的人甚至会威胁到生命。胡蜂蜇人是为了保护自己的蜂巢，所以去摆弄胡蜂巢不是个好主意。只有确定蜂巢里没有胡蜂后，才能去收集它。在寒冬，大多数胡蜂会死于严寒，少数通过冬眠越冬。此时，因为需要储存热量，它们不会四处飞动。当你去戳一只正在冬眠的胡蜂时，它看起来像已经死掉了一样，或者像一个特别困倦的人一样缓慢移动，什么都做不了。在冬天收集胡蜂巢，需要打开每一个有盖子的巢室，小心地把在里面冬眠的胡蜂清理掉。你可能会在一些巢室里找到有趣的藏品，比如作为食物被储存起来的蜘蛛。

即使在温暖的天气，你也可能会遇见掉落的胡蜂巢。它可能是被大风刮下来的，也可能是被粗心的动物蹭下来的。胡蜂会在蜂巢掉下几小时后舍弃巢穴。它们知道自己必须要重新建造新家了，因为待在地上的蜂巢里并不安全。在它们离开蜂巢后，你可以小心地把它收进你的橱柜。**但是，你在接近蜂巢或蜂房时要十分小心。**

蛛形纲
蜘蛛、蝎子和它们的亲戚

　　蜘蛛有 8 只足，它的身体主要分为两部分。前面叫作头胸部，长有眼、口、足和须肢（触角）。有时候，须肢看起来像另外的两只足，但是比真正的足短。蜘蛛身体的后部叫作腹部。腹部的末端是纺器（蜘蛛用来产丝的器官）。纺器看起来像一对小手指，不过可能因为太小而无法看清楚。

　　蜘蛛丝以液体的形式从蜘蛛体内喷出。当液态的丝遇到空气后会定型成固体。不同的蜘蛛会把丝用在不同的地方。以下是蜘蛛可以用蛛丝做的事:

· 用丝将自己挂在居住的洞穴里。通常是一些大型的蜘蛛，比如捕鸟蛛和狼蛛。

· 用丝为蜘蛛卵制作卵囊。卵囊可以和棉花一样蓬松，也可以像纸一样坚硬。

· 幼蛛可以把一段丝吐向风中，利用风把自己带到新的地方。这是蜘蛛宝宝刚离开卵囊时彼此分开的方式，其实就是随风飘荡。

· 可以用来编制袜子形状的管道。囊网蜘蛛生活在丝质的管道内，它有很大的毒牙，这让它可以不出管道就咬到食物。这时它会在管壁上咬个洞，然后把猎物拉进来。

· 可以用作拖曳绳。蜘蛛从高处跳下来的时候，会从尾端吐出一段丝，然后利用这根丝缓慢地下降，同样也可以用这根丝重新爬上去。

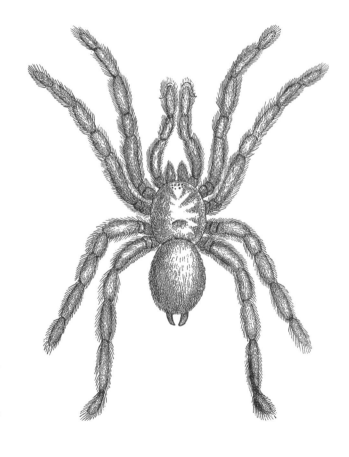

如何收集蜘蛛

因为很多种类的蜘蛛都可以杀死害虫，所以我们只收集已经死掉的蜘蛛。当天气转冷的时候，霜冻会冻死很多种类的蜘蛛，你可以在室外的角落或者缝隙里找到它们。有的蜘蛛看起来已经死掉了，但可能只是冻僵了。准备做标本之前，把它放进罐子里，拿进室内观察几小时。如果它还活着，那就把它放回你发现它的地方。

在你家周围可能生活着一些对人有害的蜘蛛，需要远离它们。你可以在本地区的野生动物服务部门或者县级分支机构查到应该避免接触的蜘蛛种类。一些不致命的种类也会咬人，所以请务必当心。

蜘蛛和盲蛛不能像多数昆虫一样使用针插法保存，因为它们松软的腹部干燥后会变形并脱落。醋酸可以抑制细菌增长，所以保存它们的正确方式是用白醋浸泡。把蜘蛛放进灌满白醋的小瓶中，然后密封瓶口。之后就不要再打开这个瓶子了，不然空气进去后标本容易腐烂。瓶子可以放在你橱柜上合适的地方。运气好的话，蜘蛛可以在醋瓶里面保存很多年。

大型蜘蛛，比如狼蛛，可以通过冷冻来保存。简单地把大蜘蛛放在透明罐子里，然后放进冰箱，这样可以保存一年。虽然不能放进你的橱柜，但是当你想看标本的时候，可以随时把它取出来观察。记住，不能拿出来时间太长，否则化冻后它会很难闻。一年以后，它会完全干燥。这时它非常易碎，但是再也不会腐烂了。长时间的冷冻可以使物体干燥，而干燥的东西不会腐烂。

你也可以收集蛛丝。虽然没法保持蛛网原来的形状，但是蛛丝本身就很有收藏价值。用一根树枝把蛛网慢慢地卷起来，蛛丝就会缠在上面。如果蜘蛛网上有死掉的小昆虫，它们也会被缠在树枝上。把整个树枝放进透明的塑料袋中。你会发现不同种类的蜘蛛网摸起来很不一样。

大家都知道蜘蛛网可以用来捕捉昆虫等猎物。单就这个功能而言，蛛丝也有不同的使用方式。有些蜘蛛可以吐出绒毛状的丝，用来钩住猎物的毛发、足或者须肢，这有点儿像尼龙搭扣。有种流星锤蜘蛛则会在丝上涂抹一种好闻的叫作费洛蒙的化学物质，和雌蛾用来吸引雄蛾的物质一样。流星锤蜘蛛用含有费洛蒙的丝做成一个黏黏的小球，然后摇晃它。雄蛾被骗过来后，触碰小球时会被球粘住，然后蜘蛛就攻击雄蛾。还有一些蜘蛛会织一张小网，用前足牵着，当其他昆虫经过时就把网抛出去，把小虫缠起来。

圆网蜘蛛

最常见的用来捕捉猎物的蛛网是圆形蛛网。圆网的丝像自行车轮子上的辐条一样，从中心向四面八方辐射。连接这些"辐条"的是同心圆状的蛛丝。通常，蜘蛛会吃掉被昆虫或风撕破的部分，然后制造新的丝来修补蜘蛛网。一些蜘蛛每天都会吃掉老网，重新织新网。地球上有10 000多种圆网蜘蛛，它们中很多都有明亮的颜色，值得收藏。

金蛛 (*Argiope aurantia*)

真核生物域
动物界
节肢动物门
蛛形纲
蜘蛛目
圆蛛科
金蛛属
金蛛

金蛛也叫黄园蛛，能织出车门那么大的网。有的雌性金蛛的身体可以超过 2.5 厘米，加上足的长度就更长了。雌性的头胸部为银白色，腹部为黑色和黄色，足为黑色并带有金色条纹。雄性的体形更小，颜色不像雌蛛那么鲜艳。金蛛被称为"会写字的蜘蛛"（英文名为"writing spider"），是因为它的蜘蛛网上有着宽大的锯齿状白丝。这种装饰物叫作隐带。没有人确切地知道它的蛛网上为什么有这些图案，有可能是为了诱虫，也有可能是一种伪装，使蜘蛛白色的身体在隐带中很难被发现，还有一种可能是为了不让鸟类撞上网。

去哪儿找：大部分热带地区都有金蛛分布。

络新妇蛛 (*Nephila clavipes*)

真核生物域
动物界
节肢动物门
蛛形纲
蜘蛛目
络新妇科
络新妇属
络新妇蛛

这是一种丑陋的蜘蛛。它充满斑点的灰白色腹部比头胸部还要高，看起来就像驼背。黄色的足上有黑色绒毛。就像它的名字（它的英文名字是 Golden Silk Orb Weaver）提到的一样，它的丝是金色而不是白色的。它的丝是蜘蛛丝里最强韧的一种——比钢还要坚韧 6 倍。大部分蜘蛛有可以杀死昆虫但对人体无害的毒液，但络新妇蛛是个例外。只要被它咬一口，就会引起肿疮。不过它只会攻击想抓它的人。

去哪儿找：络新妇蛛生活在温带地区。

猫脸蜘蛛 (*Araneus gemmoides*)

真核生物域
动物界
节肢动物门
蛛形纲
蜘蛛目
园蛛科
园蛛属
猫脸蜘蛛

这种蜘蛛有着不同的色彩组合，一般以橙色或棕色为主。它们喜欢在门廊灯附近结网。猫脸蜘蛛因其背部的图案而得名。腹部的两块凸起像猫的耳朵，在这对"耳朵"后面有一些看起来像猫眼睛的小凹痕。虽然你不会真的误认为这是一只猫，但是一些捕食者会摸不着头脑，只好默默离开。

去哪儿找：美国和加拿大有猫脸蜘蛛分布。

不规则网蜘蛛

圆形的蛛网基本上都是扁平的，而不规则的蛛网则向四面八方伸展，没有固定的图案。在我看来，不规则的蛛网简直就是一团糟。织不规则网的蜘蛛，一般只是修补网而不会经常清理网。如果在一个地方待得足够久，它们的网可以和一张咖啡桌一样大。在网的下面，可以找到很多虫子尸体。蜘蛛吸食完虫子体内的汁液后，就把它们从网上丢下来。

一种常见的不规则网的编织者叫温室拟肥腹蛛（*Parasteatoda tepidariorum*）。它常常将网织在屋内没人光顾的角落里，然后在那里默默地吃虫、除害。雌性温室拟肥腹蛛圆鼓鼓的腹部上有着棕色和白色的斑纹，雄性温室拟肥腹蛛的花纹与此类似，但腹部更加修长。成年雄蛛把精子储存在须肢末端的球状突起上。具有疙瘩状的须肢也是区分它和其他蜘蛛的特点之一。

狼蛛（捕鸟蜘蛛科）

真核生物域
动物界
节肢动物门
蛛形纲
蜘蛛目
捕鸟蜘蛛科
狼蛛属

狼蛛是橱柜里的大型展品。因为它巨大的体形，你可以轻易看到在小蜘蛛身上难以发现的结构，比如纺器和眼。狼蛛体大而多毛，生活在"盘丝洞"里（不管在地面还是树上）。亚马逊食鸟蛛是最大的一种狼蛛，足长度超过 30 厘米，意味着它可以跨过一个足球。每种捕鸟蛛都不相同，但大部分捕鸟蛛的毒液对人的危害并不大。不过，它们咬人确实很疼，因为它们的螯肢大得像一根针。

巴西黑蜘蛛

捕鸟蛛捕食昆虫和其他小动物。它不用织网作为圈套，而是伏击猎物。比如，狼蛛通常会在它的洞里待着，当有甲虫靠拢时，它能感受到甲虫脚步震动地面的声音，然后快速冲出洞穴，抓住甲虫，咬它并注射毒液。除了毒液，单是它巨大的咬合力就可以杀死这样的猎物。狼蛛抓住猎物后会放置很久，偶尔咀嚼一下来掺入更多的毒液和消化液。和家蝇一样，狼蛛吞咽食物之前会先把食物分解一部分。狼蛛咀嚼和吮吸消化后的食物的过程可能长达数小时。最终，狼蛛会将猎物吃得只剩下一个它消化不了的空壳，并把这个空壳包裹在蛛丝里。除了昆虫，狼蛛还吃蚯蚓、青蛙，极少情况下也会吃小型鸟类。

墨西哥红膝捕鸟蛛，身体呈黑色，足上有红色、橙色或黄色条纹，有时被作为宠物饲养。

狼蛛有很多种颜色。美国的野生种除了黝黑的头胸部，其他部位都是棕褐色的。

去哪儿找：狼蛛在整个南半球和北半球的部分地区都有分布。

盲蛛

真核生物域
动物界
节肢动物门
蛛形纲
盲蛛目

盲蛛，有时候也被叫作长腿蜘蛛。它看起来像蜘蛛，但实际上并不是。盲蛛是蜘蛛的亲戚。你可以很容易地分辨出二者，盲蛛的身体只有一部分，而蜘蛛有两部分。盲蛛的足很长，像纤维一样。

盲蛛经常集体活动，有时可以看到数千只盲蛛组成的一个巨大的球。如果去捅那个球，盲蛛会向各个方向散开，同时释放出可怕的腐烂香蕉的气味。人们闻到这个味道就想马上逃离。

盲蛛还有另外一个本领，捕食者抓住它时，它会故意断掉一只足。当捕食者抓住那只断足时，盲蛛就赶紧逃跑。即使少一只足，盲蛛也可以照常行走。如果你试图去抓它，它也会对你使用这个技能。

去哪儿找：经常可以在靠近水源的地方，比如户外的水龙头，找到死掉或者濒死的盲蛛。你得小心翼翼地拿，因为它的足很容易掉。保存它的方式和蜘蛛一样，浸泡在醋里。

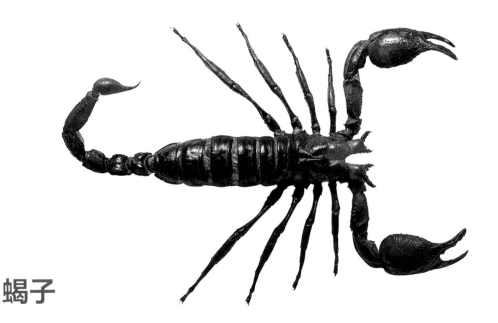

蝎子

真核生物域
动物界
节肢动物门
蛛形纲
蝎目

和蜘蛛一样，蝎子也有 8 只足和触肢。蜘蛛触肢的功能和昆虫的触角一样，是探测器。蝎子触肢的形状像螃蟹一样，是钳子形的。蝎子用它的"钳子"捕食昆虫和蜘蛛等猎物。

蝎子的尾部末端有根毒刺或者蜇针。毒刺由分泌和保存毒液的肌肉球以及注射毒液的针状倒钩组成。蝎子也用毒刺防御敌人的攻击。一般蝎子越大，就越不会用毒刺去攻击猎物，它只需要用"钳子"和强大的口器把猎物撕开。大蝎子的毒液往往毒性较小，因为它们不需要毒性大的毒液。因此，越大（最大的蝎子可以长达 20 厘米）越吓人的蝎子，对人的毒性就越小。而体形小、触肢纤弱的蝎子主要依靠毒液杀死猎物，所以它们的毒液也会伤害到人。在 1 750 种蝎子中，只有少数蝎子的毒液可以致人死亡。

几百年前，人们对蝎子的来源有个奇怪的理论。他们认为，毒蛇死后不会腐烂，而是分解成几百只蝎子！实际上，蝎子像其他蛛形纲昆虫一样是卵生的。不同的是，蝎子妈妈会把卵一直藏在肚子里，直到孵化。小蝎子出生后会爬到妈妈的背上，直到可以独立生活为止。

去哪儿找：除了南极洲，蝎子在各大洲都有分布。

如何收集：由于许多蝎子都具有危险的毒刺，最好不要从野外收集。现在很多宠物商店都卖比较安全的品种，比如帝王蝎。这些大蝎子虽然也蜇人，但毒性和蜜蜂差不多。它们是不错的宠物，而且死后可以像狼蛛一样放进冰箱冷冻保存。（不过得告诉你的家人，不是所有冰箱里的东西都是能吃的。）

肢口纲

鲎

真核生物域
动物界
节肢动物门
肢口纲
剑尾目
鲎科

鲎的英文名（Horseshoe crabs）直译为"马蹄蟹"。从名字可以看出，它长得就像是螃蟹和马蹄的结合体：它的足像螃蟹，而壳像马蹄。实际上它跟蝎子和蜘蛛的亲缘关系更近，虽然它们在分类学上属于不同的纲。

鲎长有一个圆圆的壳、9只眼睛、10只足，以及一条长长的尾巴。除了交配的时候会到岸上来，其余时间它们都生活在潮池（海洋边缘的水坑）或者浅海。除了鲎，潮池里还生活着很多有趣的生物——寄居蟹、帽贝、海胆，甚至某些章鱼。

但鲎是独一无二的：鲎的壳是软的，但摸起来是硬的，像湿的指甲一样。小个的鲎大约有一个硬币那么大，最大的可以长达60厘米。如果你捡起一只小个的鲎，它会用它的小细足挠你的手掌，试图从你的手上逃走。

鲎是地球上最古老的生物之一。科学家曾发现距今4.5亿年前的鲎化石（而人类的历史只有300万年）。在有些地方，像美国的南卡罗来纳州，杀死或者收集鲎都是违法的。但是，你可以捡拾海滩上的鲎壳进行收藏。像昆虫和蜘蛛一样，鲎需要蜕壳才能长大。

去哪儿找：这种古老的节肢动物分布在东南亚和东亚地区的海滩和浅海海域。美洲鲎可以在美国的东海岸和墨西哥湾找到。

鲎已经在地球上
被海浪拍打了4.5亿年。

如果你碰巧发现一只鲎的尸体
（而不是它的外骨骼），只有
清理之后才能放入橱柜保存，
不然会变臭。

1. 把鲎壳内的所有软组织取出。

2. 把鲎壳放在外用酒精中浸泡
几天。

3. 用清水冲洗外壳，然后在太
阳下晒干。

4. 准备一大桶漂白液（以11升
水加75毫升漂白剂的比例调
制），将鲎壳浸泡一小时。接触
漂白剂时要小心！

5. 彻底冲洗外壳。

6. 在阳光下完全干透。

7. 涂上清漆或者亮光漆来保护
外壳。

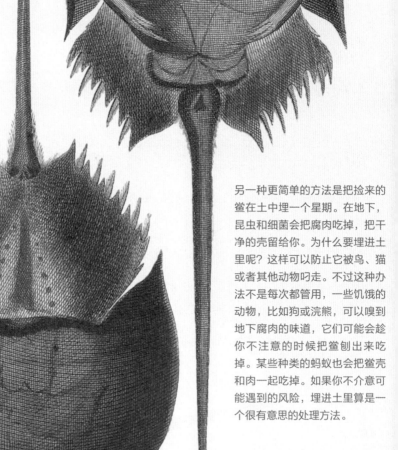

另一种更简单的方法是把捡来的
鲎在土中埋一个星期。在地下，
昆虫和细菌会把腐肉吃掉，把干
净的壳留给你。为什么要埋进土
里呢？这样可以防止它被鸟、猫
或者其他动物叼走。不过这种办
法不是每次都管用，一些饥饿的
动物，比如狗或浣熊，可以嗅到
地下腐肉的味道，它们可能会趁
你不注意的时候把鲎刨出来吃
掉。某些种类的蚂蚁也会把鲎壳
和肉一起吃掉。如果你不介意可
能遇到的风险，埋进土里算是一
个很有意思的处理方法。

甲壳纲
螃蟹、龙虾、虾等

节肢动物中，生活在水中的那些甲壳动物组成了一个纲。和所有的节肢动物一样，它们有坚硬的外骨骼和分节的足。其中一些具有特殊的身体结构，可以把它们和昆虫、蜘蛛区别开来，比如步足、游泳足、喂食足、触角的数目、大量口器、扇状的尾巴、钳子或者爪子。

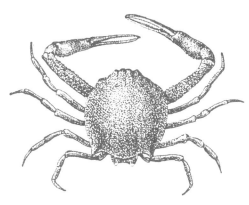

大多数甲壳类动物都很小。有一种冰磷虾不到 2.5 厘米长，生活在南极的沿海水域，吃细菌、藻类和其他生物，有时在 4 000 米的深海也可以发现它。然而和大多数微小的桡足纲动物相比，冰磷虾已经算是"巨人"了。在世界上大部分水域中都有桡足类动物生活，但你可能从没见过，因为它们实在太小了，很少有超过 10 毫米的。在显微镜下，一个桡足纲动物看起来就像有羽状触角的泪滴。它太薄了，以至于你一眼就可以看透它的身体。科学家在生活在水体底部的一种桡足类动物身上发现了寄生虫，只有 0.1 毫米长。这种叫作 *Stygotantulus stocki* 的寄生虫，也是一种甲壳动物，是目前已知的最小的甲壳动物。

另一方面，一些甲壳动物大得惊人。世界上最大的甲壳动物是日本蜘蛛蟹。它的足的跨度超过 3.6 米。除了螃蟹，还有其他一些甲壳动物的体形适于收藏，如龙虾、虾等。有一些种类的甲壳动物生活在陆地上，它们是木虱和潮虫，常生活在岩石或腐木下。你可能会误以为它们是昆虫，但是一数足就会发现太多了，有 14 只左右。木虱家族中的鼠妇遇到危险时会把自己蜷成一个硬球。

螃蟹

接下来我们将要详细讨论的甲壳动物都属于十足目。顾名思义，这类动物具有十只足。十足目动物的十只足有特殊的功能。前三对足叫颚足，被当作口器使用，协助自己进食或抓取食物。很多十足目动物最前面的一对颚足上有螯或爪，这些特别的颚足就叫螯足。隐藏的两对足叫步足，用来走路。每只足上都有呼吸鳃。

如何区分螃蟹和其他十足目动物？螃蟹通常有一对螯、一条藏在身体下面的短尾和极其坚硬的外骨骼。

招潮蟹（招潮蟹属）

真核生物域
动物界
节肢动物门
甲壳亚门
软甲纲
十足目
沙蟹科
招潮蟹属

招潮蟹是雌雄异性的典型例子。雌性招潮蟹看起来左右对称，但雄性不是。雄性招潮蟹的一只螯明显比另一只大，这是它们吸引雌性的"手段"，也是它的英文名（Fiddler Crab）"小提琴蟹"的由来（有人觉得它看起来就像一只小提琴）。雄性招潮蟹挥舞着螯，期待雌性能注意到它。雌性通常会挑选那些螯最大、最有力的雄性。雄性招潮蟹之间也会挥舞着大螯打架，这也是吸引雌性的一种方式。

招潮蟹属有大约 100 种成员，它们个头很小（没有一个超过 5 厘米），生活在咸水中，比如海洋或咸水沼泽的洞穴中。招潮蟹吃任何它们在沙滩上找到的东西：腐烂的植物、动物尸体，真菌，微生物，藻类等。

去哪儿找：招潮蟹生活在温带海洋的海陆交界处，包括北美洲东西海岸、太平洋沿岸的南美国家、印度－西太平洋沿岸的国家和岛屿、非洲和亚洲的部分地区。

如果你在海岸上捡到一只死掉的
甲壳动物，记住不能吃，
它可能已经被
细菌感染了。

三疣梭子蟹 (*Portunus trituberculatus*)

真核生物域
动物界
节肢动物门
甲壳亚门
软甲纲
十足目
梭子蟹科
梭子蟹属
三疣梭子蟹

　　人们喜欢吃美味的三疣梭子蟹。它最显著的特征是有亮蓝色的足。它的背甲（外壳上部）一般为棕色或者暗绿色，上面有浅色的不规则斑点。它摸起来很粗糙，甚至有沙砾的感觉。外壳边缘有很多棘刺突出，背部最宽处有两根最长的棘。外壳的最前端也有一些棘刺。科学家通过这些"牙齿"的数目来区分三疣梭子蟹和其他相似种。它的螯足和爪上也有棘。

去哪儿找：三疣梭子蟹分布在东亚沿海。它是最受欢迎的捕捞蟹种之一。

刺蜘蛛蟹 *(Maja squinado)*

真核生物域
动物界
节肢动物门
甲壳亚门
软甲纲
十足目
蜘蛛蟹科
蜘蛛蟹属
刺蜘蛛蟹

　　刺蜘蛛蟹的壳覆盖着粗糙的刺，其中两根刺从眼之间伸出，像角一样。刺蜘蛛蟹一般为棕色、橙色或红色，但它的外壳可能会被藻类覆盖，掩饰它真实的色彩。刺蜘蛛蟹是蜘蛛蟹属的一种。它因奇怪的身体比例而得名：跟身体相比，足特别长，这让它看起来很像蜘蛛。刺蜘蛛蟹生活在海水中，喜欢吃海参、海胆和其他棘皮动物，以及软体动物和海藻。蜕皮时，它会沿着海底航行几百千米去和自己的族群聚集在一起。刺蜘蛛蟹喜欢和同伴聚成一堆，有时同一地点会有多达 5 万只刺蜘蛛蟹。这样聚集在一起可以起到保护作用。刺蜘蛛蟹很容易在蜕壳时被捕食，但同伴陪伴会让自己更安全，因为捕食者一次无法攻击所有蜕壳的螃蟹。

去哪儿找：刺蜘蛛蟹分布在欧洲海域、大西洋东北部和地中海。

矶蟹 *(Pugettia producta)*

它的英文名海带蟹（Northern Kelp Crab），是以它吃的食物命名的。海带（Kelp）是种生长速度很快的海藻，最大的一种每天可以增长超过 48 厘米，最长可以长到 79 米，形成海底森林。矶蟹就以这种长势很快的海带为食。如果找不到海带，它也会吃一些小动物，比如小甲壳类动物藤壶。矶蟹最多 10 厘米宽，它的形状像警察的徽章。它的身体两边分别有一根棘刺，还有一对在背甲的前角上。除了几根像玫瑰刺一样的棘刺，它外壳的其余部分是平滑的。和所有螃蟹一样，它两眼间的外壳向前延伸出一部分，叫作额。矶蟹的额上有两颗尖尖的额齿。

去哪儿找： 矶蟹可以在北美西海岸找到，从阿拉斯加南部到墨西哥北部。

普通黄道蟹 *(Cancer pagurus)*

真核生物域
动物界
节肢动物门
甲壳亚门
软甲纲
十足目
黄道蟹科
黄道蟹属
普通黄道蟹

　　这种螃蟹外壳的边缘有凹槽，看起来就像馅饼。凑巧的是，它确实也很好吃。实际上它有个俗名叫"食用蟹"。年轻的普通黄道蟹的壳是褐紫色的，成年后会变成红棕色。它的爪尖为黑色。最大的普通黄道蟹有 25 厘米宽，其实大多数成年个体都长不了那么大。它生活在从浅海到 100 米深的海域，能存活 100 年。为了躲避天敌，它常常藏在岩缝里，或者把自己埋进沙子里，并以蜗牛、贝类、龙虾和其他小螃蟹为食。雌蟹一次可以产 300 万粒卵。不仅人类爱吃这种螃蟹，它最主要的天敌章鱼也十分喜爱。

去哪儿找：**普通黄道蟹是西欧最受欢迎的捕捞螃蟹，它可以在欧洲北海[1]和北大西洋找到。**

---

1. 位于大不列颠群岛和欧洲大陆之间的大西洋海域。——译者注

龙虾

　　人们把几种不同的十足类动物都叫作龙虾，其中最著名的是海螯虾科的龙虾和龙虾科的岩龙虾。它们都有长而窄的身体、充满肌肉的尾巴和十只足，其中有很多可以食用的种类。它们的亲缘关系并不近，可以很容易分辨清楚。

　　区别在哪里呢？龙虾前三对足上都有螯。大多数人第一眼只会看到第一对大螯，因为它们确实比其他螯大得多。通常这对大螯大到你可以剖开吃到里面的肉，就像吃尾巴上的肉一样。岩龙虾没有明显的螯。其中许多品种的雌龙虾的后足上会有一个小螯，而雄龙虾一个都没有。另一个区别体现在它们的触角上。这两个科龙虾的触须都很细，但岩龙虾的触须会更长——往往比身体还要长得多。

岩龙虾（龙虾科）

真核生物域
动物界
节肢动物门
甲壳亚门
软甲纲
十足目
龙虾科

　　岩龙虾长长的触须对它品尝美食和触摸其他物品很有帮助。它的味觉非常灵敏，可以通过辨别不同海域海水的味道来在大海中导航，还可以通过感受地球磁场来导航，但是其中的原理目前尚未被人类知晓。为了吓退捕食者，岩龙虾会用触须摩擦壳上一个粗糙的特殊结构，发出响亮刺耳的噪声。触须还有一个用处。当岩龙虾成群结队地穿过大洋底部时，它们会用触须来联系彼此，就像人类手拉手一样。

去哪儿找：岩龙虾生活在加勒比海、地中海和南非海岸的浅海、潮池和珊瑚礁中，还有澳大利亚和南太平洋的温暖海域。它不是分类学上的龙虾。

活着的时候，
龙虾的颜色为橄榄绿或棕色，
关节为蓝色。煮熟后，
水中的热量会分解壳中的一种色素，
龙虾就会变成亮红色。

美洲螯龙虾 *(Homarus americanus)*

真核生物域
动物界
节肢动物门
甲壳亚门
软甲纲
十足目
海螯虾科
螯龙虾属
美洲螯龙虾

美洲螯龙虾是最大的"龙虾"。我曾提到过，如果以足跨度来衡量的话，日本蜘蛛蟹是世界上最大的甲壳动物。美洲螯龙虾没有占据这么大的空间，但是重量最大可达 20 千克，因此它可以算是最重的甲壳动物。美洲螯龙虾用于探测气味的嗅觉器官在它的触角以及短触角（又叫作小触角）上。通过这些器官检测海水，它可以监测到海洋中的物体，并精确地辨别出它们的方向。美洲螯龙虾也通过嗅觉来联系彼此。当一只美洲螯龙虾探测到另外一只龙虾靠近的时候，它会以非常强的力量把尿液喷入水中，尿柱可以长达 2 米，另一只龙虾就可以通过尿液的味道判断这是雄性还是雌性，以及它是否愿意交配。这个方法很奏效，因为美洲螯龙虾有两个尿囊，在它的头部两侧各一个。

美洲螯龙虾的螯是不对称的。较小的那只叫切割爪，用来抓猎物并把猎物撕成碎片。较大的那只叫作粉碎爪，用来弄碎猎物坚硬的外壳。美洲螯龙虾吃海蚌和其他软体动物、海胆和其他棘皮动物，还有环节虫。它也会吃其他东西，因此渔民可以用罐子装鲱鱼来诱捕它。

现在美洲螯龙虾已经被视为珍馐，但以前并不是如此。直到 19 世纪中叶，只有穷人和犯人才吃它们。如果你在餐馆点了螯龙虾，服务员会为你提供一些特殊的工具——胡桃钳状的钳子和修长的叉子。钳子可以让你更容易吃到虾肉（一般都在大螯和尾部），但你最好还是选择用叉子把肉挑出来。通过这种方式，你可以获得完整的螯龙虾壳，然后把它保存在你的橱柜里。

去哪儿找：美洲螯龙虾在大西洋沿岸都有分布。它喜欢生活在岩石和裂缝的浅海，这样它可以在那里藏身。

小龙虾、大虾和虾

小龙虾是龙虾的亲戚，它也被叫作螯虾或者喇蛄。它们都是十足目螯虾科的成员。它们是亲戚一点儿都不令人感到惊奇，因为小龙虾看起来就像龙虾小的时候。小龙虾生活在淡水环境，比如河流、池塘甚至泥坑中。

给虾分类是个棘手的问题。"虾"是个没有确切科学指向的泛称，人们用虾指代不同的十足目动物，主要包括枝鳃亚目和真虾类。虽然它们的亲缘关系并不都非常近，但依然有些共同特征。它的体形和龙虾相似，有长长的尾部和明显的触角。跟龙虾不同的是，它更擅长游泳而不是步行，这从它的形态就可以看出。它的尾部常常蜷缩在身体下面，足很小，在水中游动时会像鱼鳍一样滑水。这种特化的游泳足被称为腹肢。很多虾不会行走，但能用足抓住岩石休息。

大虾是虾的另外一种称呼，在一些地方有具体的含义，比如，体形更大的食用虾。但虾和大虾这两个称呼都缺乏严格的科学定义。

小龙虾（十足目）

真核生物域
动物界
节肢动物门
甲壳亚门
软甲纲
十足目

小龙虾生活在溪流的河岸洞穴中。它的洞穴开口处有泥巴或者石头堆成的塔，你可以通过这些线索发现它们。如果小龙虾钻进洞里，就没法再把它挖出来了。洞穴可能有90厘米深，而且洞的底端是在水下。还有一些小龙虾生活在水中的石头下面。当鱼游过时，它会突然蹿出来抓住。受到威胁时，小龙虾会通过拍打尾巴倒退着逃跑。这种逃跑方法的速度会比正常向前游泳的速度快得多。其他甲壳动物，比如龙虾、虾和磷虾，也会用相同的伎俩逃脱。

去哪儿找：小龙虾生活在世界各地的小河、溪流、沼泽和其他淡水中。

罗氏沼虾 *(Macrobrachium rosenbergii)*

　　所有甲壳动物的生长发育都像昆虫一样会经历变态过程，但罗氏沼虾有所不同。即使到了成年阶段，雄性罗氏沼虾的形态依然会变化。首先，它会是一个"小男生"的形态，它的螯小而透明。接着，变成"橙螯"阶段，就如上图所示。这个阶段它的螯不但会变橙、变大，连接螯的前肢（螯足）也长得更长。有机会的话，再进一步，它会长成"蓝螯"——它的螯会变蓝并且长得更大，前肢会长得像日本蜘蛛蟹。蓝螯的雄性沼虾是统治者，它有自己的领土，并和自己领域内的雌沼虾交配，其他雄性沼虾就没有那么多的交配机会。除非这个领域内的蓝螯雄性统治者去世，否则其他雄沼虾不能从"橙螯"阶段进入到"蓝螯"阶段。

去哪儿找：罗氏沼虾原产于澳大利亚和东南亚的海岸。

斑节对虾 *(Penaeus monodon)*

斑节对虾的身上有黑色条纹，它也被称为"蜜蜂虾"，因为这种花纹看起来像蜜蜂的花纹。这就是它通常在野外和一些水族馆中的样子。对收藏家来说，特别有趣的一点是斑节对虾已经通过圈养繁殖变异出了非常多的色型。比如，一种有蓝色身体和橙色可以活动的眼的品种。另外一种红水晶虾变种，有着红色和白色的宽条纹。斑节对虾的品种差异，就像狗一样。想想狗与狗之间的颜色和形态差异，从小而娇弱的吉娃娃到 90 千克重的圣伯纳犬，再到流线型、速度极快的格雷伊猎犬，它们都属于同一个物种。人们有意选育出不同形态和不同大小的狗来适应不同的工作和人类的需求。同样的道理，为了获得色彩好看的品种，人们培育了斑节对虾。我最喜欢的品种是影子熊猫

（shadow panda），它的花纹是黑色和淡蓝色相间的宽条纹。

去哪儿找：斑节对虾原产于澳大利亚、东南亚、非洲东海岸和阿拉伯半岛，也可以在墨西哥湾被找到。

如何保存外骨骼、尾部和螯

外骨骼是甲壳动物可收藏的一部分。清洁外壳的方法，你可以参考埋藏法，这种方法在清洁鲨的时候提到过。

另外一种适用于保存螃蟹的方法是把它煮熟，打开壳，把肉取出。对螯也一样，要小心地剖开壳，把肉取出。煮熟并把肉刮出后，你可以用盐来使蟹壳脱水。把普通食盐或者硼砂填入蟹壳和螯内，然后放进碗里，用更多的盐把它们埋起来。蟹壳需要被盐完全覆盖住。这样放置一周，外骨骼就应该完全干燥了。刷出盐，蟹壳就可以放进橱柜了。

甲壳动物的一些部位可能很难完全脱水，比如小腿。如果小腿太软无法把肉挤出来，太细又无法把肉剔出，你最好把它扔掉。因为即使用盐处理后，它还是会变臭。

第四章

软体动物

　　大多数的软体动物是有着柔软、肉质身体的水生动物。其中很多都有壳，如章鱼、蜗牛、蛞蝓、蚌、贻贝和牡蛎。软体动物的身体一般由3个部分构成。第一部分是头，不一定很明显。比如，章鱼的头在身体的中部。第二部分是内脏团，是柔软的内部器官，比如肠和胃。软体动物的内脏会被紧紧地打包在一起，通常位于身体的中心。第三部分是足，是用来移动的一部分肌肉。

　　软体动物真正能区别于其他动物的特点是具有外套膜和齿舌。齿舌也就是软体动物的舌头，被当作锉刀来刮取表面的食物。比如，蜗牛可以用它的齿舌从石头上刮取藻类。一种可以长过30厘米的非洲大蜗牛甚至可以从房屋的墙壁上刮取泥灰。齿舌主要由几丁质构成。这种坚硬的物质也是外骨骼的主要成分。在一些软体动物中，几丁质中还含有磁铁矿（一种包含铁的矿物），这使齿舌更加强韧。

外套膜是软体动物背侧的体壁（身体的最外层），可以保护整个内脏团。它含有一个空腔。不同的软体动物有不同的空腔结构。一些软体动物的外套腔内有虹吸管，可以吸水滤食（从水中过滤食物颗粒），或者协助喷水。外套膜通常会像一件松散的衣服向外延伸超过内脏团，它外面的这部分可以形成类似于翅或鳍的结构，比如鱿鱼（可以帮助它游泳）。对于蛤蜊和它的亲戚，外套膜会分泌钙质硬化成壳。

如何保存贝壳

贝壳一类的海洋纪念品是很好的收藏对象。你可以单独准备一个橱柜来收集这些海洋中的珍宝。你还可以随意决定摆放它们的方式——按大小、分类甚至颜色都行。以下展示的贝壳，虽然来自不同的纲和种，但贝壳里都曾有生物居住。当你在海滩捡贝壳的时候，确保不要把里面还有"居民"的贝壳带走。记住，即使是空壳，也有可能住着"房客"。你可以采取以下措施来确保没有动物组织留在壳内，否则你的贝壳橱柜会充满海腥味。

1. 把贝壳在锅里煮 10 分钟，确保里面完全干净。如果不介意味道的话，也可以用微波炉。

2. 冷却后，在漂白液（漂白剂和水的比例为 1:1）里浸泡 1~2 天，以清除残留的藻类或角质层，以及覆盖了贝壳大部分的片状物质。

3. 如果你想进一步清理的话，用牙刷沾上牙膏试试！这样可以刷掉所有的灰尘和污垢。牙签也是用来清理边角缝隙的好工具。

4. 如果你的贝壳有尖角，可以用指甲锉或砂纸磨平。

5. 可以在贝壳上涂点矿物油来增加光泽。不要太多，轻轻涂一层就能让你的贝壳散发出美丽的自然光泽。涂完后至少晾干 1 天才能用手拿。

6. 可选：你可以给贝壳喷上抛光聚酯氨或者涂上透明指甲油，这可以让它们更耐磨，也更光彩照人。

以上方法对软体动物门的大部分贝壳都是适用的，但不适用于海胆和其他海洋动物。

腹足纲

蜗牛、螺类和蛞蝓

顾名思义，腹足动物的足长在腹部。

腹足纲的动物主要包括蜗牛、螺类和蛞蝓。这个纲的成员身体都是不对称的：它们身体的两侧以不同的速率生长，所以会长成螺旋形。腹足纲动物成年的时候，肛门会长到头顶，与口腔指向同一个方向。你从它们的外观上很难看出这个奇怪的身体构造。平时你看到的腹足纲动物都拥有一个柔软的长条形身体，头顶伸出 2 个或 4 个触角，用手摸一下，触角就会收回。它们的触角上有嗅觉器官，在触角的顶部或者基部还长有眼睛。

有壳的腹足纲动物叫作蜗牛或螺类。它们的外套膜一般长在壳里面，有时候你也会看到有一点露出来。没有壳的腹足纲动物叫作蛞蝓。蛞蝓的外套膜就在它的背后，外套膜的纹理和身体的其他部分明显不同。但这仅仅是一种对蜗牛、螺类和蛞蝓的直观描述，不能准确地反映它们之间的分类学关系。

腹足纲的种类数以万计。它们中的大多数生活在海洋中，其余的大多数则生活在湖泊等淡水环境中。虽然大部分的腹足纲动物都生活在水中，依然有一些种类生活在陆地和海岸线上。生活在陆地上的腹足纲动物没有鳃，呼吸的器官变成了肺囊。生活在水里的螺类长有鳃盖，当它们躲进壳里时可以用鳃盖把入口封闭起来。

由于腹足纲动物身体柔软，死后会很快分解，因此唯一可以收集的部分就是它们的外壳。蜗牛和螺类的外壳呈螺旋形，有的像尖尖的钻头，有的则十分扁平。腹足纲动物的外壳颜色非常丰富，深受收藏者喜爱。

花园蜗牛 (*Cornu aspersum*)

　　这种蜗牛很常见，身体呈灰色或褐色，有时有白色斑点。它的外壳以棕色和黄色为主，有不同的颜色变化和图案。花园蜗牛吃很多种植物，包括蔬菜、水果和谷物。

　　这种蜗牛的防御机制很有趣：能分泌黏液。当有蚂蚁来进攻时，它分泌的黏液可能会把这些蚂蚁包裹住甚至淹死。大型肉食性动物觉得它根本就不好吃。因为是陆生蜗牛，它不具备鳃盖。休息时，它用薄薄的一层黏液封住壳口。黏液干燥后形成一层膜，叫作盖膜。虽然盖膜不能阻挡稍大的动物，但能阻挡一些昆虫。花园大蜗牛是雌雄同体的动物，也就是说它既是雌性又是雄性。两只蜗牛在交配时都会给对方的卵受精。此时，每只蜗牛都会向对方的身体中注射一种由几丁质组成的物质。这种物质携带着一种激素，与接收者的血液混合在一起。它向接收者传递了一个信号：将在交配中接收到的精子存起来受精用，千万不要将它们消化掉！

去哪儿找：花园大蜗牛原产于地中海地区和西欧，之后因为人类活动而蔓延到美国、加拿大、墨西哥、智利、阿根廷、澳大利亚西海岸和新西兰。

红鲍 (*Haliotis rufescens*)

真核生物域
动物界
软体动物门
腹足纲
原始腹足目
鲍螺科
鲍属
红鲍

　　红鲍是一种海螺，生活在岸边或者浅水中，吸附在岩石上生活。它们吃海带，主要的天敌是人类和水獭。潜水是它们最喜爱的运动。红鲍壳差不多有 30 厘米宽，表面呈砖红色或粉色。因为它的形状像人的耳朵，所以你可以看到里面光滑的珍珠层（或者叫珠母层）。珍珠层为闪亮的白色，并隐约透着其他颜色，比如粉色、绿色和金色。你可能得倾斜贝壳从不同的角度来观察这些颜色。红鲍的壳上有 3~4 个孔，用来呼吸。它把精子排放到水中来进行交配，甚至不用接触到对方。

去哪儿找：**红鲍分布在北美西海岸，从加拿大的不列颠哥伦比亚省到墨西哥北部的加利福尼亚半岛均可找到。**

双壳纲
蚌、牡蛎、贻贝

双壳纲包括牡蛎、蚌、贻贝、扇贝和它们的亲属。它们柔软的身体上大多数都附着两扇壳，实际上双壳纲就是两个贝壳的意思（少数演化成没有壳的，看起来像蠕虫）。双壳纲通过鳃吸水，从水中滤食。鳃被黏液和纤毛所保护。水中的颗粒被困在黏液中，纤毛把它们整理出来。有些颗粒是不可食用的，比如沙砾，纤毛就把它们推出去，可食用的则被推进嘴里。

我之前说过大部分软体动物都有头，但双壳纲是例外。它们也没有齿舌。双壳纲有外套膜、内脏腔和肌肉发达的足。当你观察这种动物时（假设已经打开了它的外壳），第一印象就是一坨泥。唯一清楚突出的器官就是鳃。因为双壳纲的动物用鳃呼吸和进食，所以通常鳃都比较大。你可以通过羽毛状的纤毛来识别它们。

当然，双壳纲最显著的特征还是外壳。两扇壳通过一个绷紧的韧带连在一起，并由它负责打开。强力的内收肌负责在危险时合上贝壳。在水中吃东西时，双壳类的外壳都是微微张开的。一些双壳类通过外壳像翅膀一样拍打在水中游泳。然而很多种类不喜欢移动。它们在水底的沉积物下挖洞，然后用细如蛛丝的绳子把自己固定住，或者把自己粘在岩石上。

科学界已经认识了 10 000 多种双壳纲的动物，它们中大多数的壳都是适合收藏的。一些双壳类的壳内有珍珠层，比如牡蛎，可以产珍珠。当有刺激物时才会产珍珠，比如一粒沙钻进了壳里。珍珠层包裹住沙子，让它变得平滑不刺激。

硬壳蛤 (*Mercenaria mercenaria*)

真核生物域
动物界
软体动物门
瓣鳃纲
帘蛤目
帘蛤科
薪蛤属
硬壳蛤

这种动物的最大直径可达 10 厘米。它在河岸的沙子下面挖洞。硬壳蛤用肌肉足推动自己前进。它的外壳呈带有黑色条纹的灰色或白色，壳内侧则呈紫色。远古时代，赛特族人和其他原住民曾把这种贝壳当作货币。人们还常食用硬壳蛤，比如蛤蜊浓汤。它是已知最长寿的动物，有记录显示，有一个硬壳蛤标本曾经活了 507 岁。

去哪儿找：硬壳蛤原产于北美洲和中美洲的东海岸，从爱德华王子岛到尤卡坦半岛均有分布；在新英格兰地区很常见；北至加拿大，南至美国佛罗里达州的东海岸也有分布。

太平洋牡蛎 (*Crassostrea gigas*)

真核生物域
动物界
软体动物门
瓣鳃纲
珍珠贝目
牡蛎科
巨牡蛎属
太平洋牡蛎

太平洋牡蛎能长到 20 厘米。它的外壳通常为白色、黄色或灰紫色，布有少许紫色亮斑，呈锯齿形，褶皱像窗帘样。与很多双壳类动物一样，它的幼体能自由游动，但成年后则相反，常黏附在浅海的岩石上，甚至把自己固着在其他双壳类动物的外壳上。太平洋牡蛎刚出生时为雄性，然后变成雌性。一生中它可以雌性和雄性状态切换很多次，甚至可以雌雄同体。

去哪儿找：太平洋牡蛎原产于环东亚的太平洋地区，特别是日本、韩国和中国，后来被引进到澳大利亚、新西兰、北美洲的西海岸和欧洲的大西洋沿岸。

淡水珍珠贝 (*Margaritifera margaritifera*)

真核生物域
动物界
软体动物门
瓣鳃纲
珠蚌目
珍珠蚌科
珍珠蚌属
淡水珍珠贝

这是动物界视觉反差最大的动物之一。它的壳外面为黑色或褐色。数百年的矿藏和现生的藻类常在其表面结成痂，使它看起来像被腐蚀了。但是壳的内部却是厚厚的闪亮的珍珠层。正如其名，它可以产出美丽的珍珠。淡水珍珠贝生活在水流湍急的河流和溪流中。幼年时，它生活在三文鱼或其他鱼类的体内，通过滤食获取食物。为了到达其他鱼类的体内，它会不停游动，直到被其他鱼类吸入肚中，然后用它的小贝壳关闭住鱼的一点儿鳃组织。当它长到足够大，就会离开这条鱼，把自己埋在河床的沙砾中。

去哪儿找：淡水珍珠贝分布在北极和俄罗斯西部的温带地区，欧洲其他地方和北美洲的东北部也有分布。

头足纲
墨鱼、章鱼、鱿鱼和鹦鹉螺

　　头足纲动物有鱿鱼、章鱼、墨鱼和鹦鹉螺等。这些软体动物具有发达的脑和头，被认为是世界上最聪明的无脊椎动物。曾经有一只被关在水族馆的头足纲动物自己打开了复杂的锁并逃了出来。此外，还有它们能打开罐子、门或操作电灯开关的例子。许多头足类动物不再需要外壳，有的根本没有壳，有的体内还有退化的壳。与其他头足类动物不同的是，墨鱼具有发达的、叫作墨鱼骨的内壳。和墨鱼一样，鱿鱼具有 10 条腕，其中较长的两只叫作触手。章鱼具有 8 条腕。鹦鹉螺最多可以有 90 条腕，是唯一一类有外壳的头足纲动物，因此，它也是唯一可以被我们收集进橱柜的头足类动物。

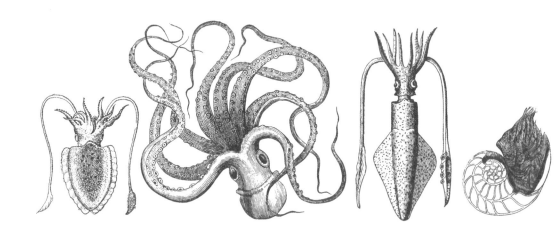

墨鱼的体内有内壳。　　章鱼的体内和体外都没有壳，但有8条腕。　　鱿鱼有10条腕，包括2只触手。　　鹦鹉螺有外壳和多达90条腕。

珍珠鹦鹉螺壳的内部有珍珠层，也叫珠母层，与珍珠的成分相同。

珍珠鹦鹉螺（*Nautilus pompilius*）

真核生物域
动物界
软体动物门
头足纲
鹦鹉螺目
鹦鹉螺科
鹦鹉螺属
珍珠鹦鹉螺

受到威胁时，珍珠鹦鹉螺会像蜗牛一样缩回自己的壳里，然后用两只特殊的扁平触手盖住壳的入口。每只触手都可以把自己卷入一个肉质鞘。当触手展开的时候，围绕在嘴的周围，就像胡须或者一团它吞不下去的"面条"。鹦鹉螺因其外形像鹦鹉的喙而得名。它通常吃腐肉（死掉的动物），也吃偶遇的小型海洋动物。最大的鹦鹉螺可以超过 20 厘米。

它的外壳颜色黯淡，但里面的珍珠层闪闪发光。鹦鹉螺的壳由一系列单独的壳室组成。鹦鹉螺生活在一个空间较大、遇到危险撤退时可以容纳下它整个身体的壳室里。随着它的身体逐渐长大，直到整个壳无法居住时，它就会封住老壳室，再建造一个更大的新壳室。封闭旧壳室的隔板就成为新壳室的后部。新壳室和旧壳室的形状相同，为弧形的箱状。由于隔板是弯曲的，壳室聚集起来就形成盘卷的螺旋形。螺旋的每个环比前一个大一些，这是可以通过数学公式计算出来的。环的形状并不随着鹦鹉螺的长大而改变。鹦鹉螺这种更换壳室的模式被叫作对数螺旋曲线。这个模式在很多自然现象中都存在，比如螺旋星系的形状、沙沉积在某些海湾的方式、蛾子飞向光的路径、鹰捕食时接近松鼠的方式等。

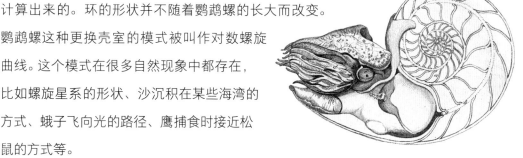

鹦鹉螺的大脑没有其他头足类动物复杂，也许是因为它是5亿年前在地球上出现的第一种头足类动物的近亲。

去哪儿找： 西太平洋有分布。它们通常生活在珊瑚礁或者 500 米下的洋底，有时也会在夜间出现在浅水区。

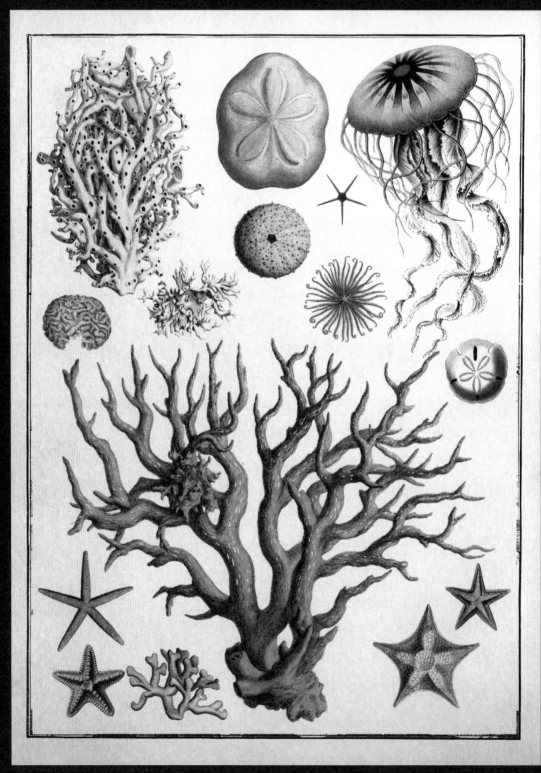

第五章

棘皮动物、刺胞动物和海绵动物

这 3 个门的动物属于不同的范畴。每个门中的动物各不相同，并不比人类和鱿鱼之间的亲缘关系更近。它们之间唯一的相同点是，很容易在海岸找到，这让它们极富收藏价值。棘皮动物，如海星、海钱和海胆，都是很容易保存的动物。刺胞动物包含水母以及其他不可收集的生物，也包含珊瑚这种不仅好看得惊人，还能长久保存的收藏物。海绵动物门中有许多颜色和形状各异的海绵。

某些海星的腕足上有可以
产生毒液的刚毛和突起。
其中有种海星叫作长棘海星，
是世界上最大的海星之一。

棘皮动物门

海星、海胆

棘皮动物门有海星、海百合、海蛇尾、海钱、海胆和海参等海洋动物。它们的成年个体都呈径向对称。径向对称是指这类动物的个体像平均切开的馅饼一样，每一块都和其他块有相同的形状和大小，而不仅仅是左右相互对称。大部分棘皮动物都呈五辐射对称，很多海星都是这种形状，它们的每个部分都着生腕。

棘皮动物的皮肤上有坚硬的方解石颗粒。这种矿物形成棘皮动物的一种外骨骼，使它在死后也可以保存很久。我们收集的就是这种外骨骼。棘皮动物的另外一种共同特点是具有再生功能。如果它断掉了一条腕，还可以再长出一只新的。有的棘皮动物甚至可以在从掉下的腕上长出身体的其余部分。

海星

世界上有超过 1 500 种海星。它们颜色各异，从亮橙色到蓝色到淡粉色再到棕色。大多数海星是典型的棘皮动物，呈五径向对称，每个部分长出一只"胳膊"，也就是鳍刺。有的海星甚至有 20 多只"胳膊"。

大多数海星吃蛤等双壳类动物。它用强有力的腕迫使双壳类的壳打开。一旦打开一点儿缝隙，即使只有 1 毫米，海星就会立即从体内翻出胃来，挤到缝隙里去。这时，胃开始分泌酸性物质来消化壳里的蛤。蛤很快便在酸性物质的攻击下变弱，这时海星就能把壳完全打开，然后将胃收回体内，整个吞下蛤肉了。海星也会吃其他小型动物，比如蜗牛、珊瑚、蠕虫和海绵等。有的海星甚至还吃腐肉和粪便。

保存完好的海星外骨骼摸起来像粗糙的岩石。大多数外骨骼都可以保存很久而且能自由处置。

红海盘车 (*Asterias rubens*)

真核生物域
动物界
棘皮动物门
海星纲
钳棘目
海盘车科
海盘车属
红海盘车

这种海星有着基部较粗并朝两端逐渐变细的腕。每条腕上都有一行刺。最大的海星可以长到 55 厘米，但是一般都不会超过 30 厘米。它的颜色通常为橙色、砖红色或棕色，并随着在水中生活环境的加深而加深。

去哪儿找： 红海盘车可以在整个大西洋、北海和墨西哥湾中被发现。

馒头海星 (*Protoreaster nodosus*)

真核生物域
动物界
棘皮动物门
海星纲
显带目
瘤星科
原瘤海星属
馒头海星

这种海星的背部长有角状突起，身体中心处的突起最高，馒头海星用它们来恐吓捕食者。这些突起也会被折断或侵蚀。有时海星的身体呈棕褐色，角呈棕黑色，因此有人给它起名叫巧克力豆海星，因为它看起来太像饼干了。

去哪儿找： 馒头海星在温暖的浅海很常见，特别是在印度—太平洋海域。它喜欢生活在柔软的沙滩或泥泞的海底，经常可以在海草附近发现它的踪影。

小棘海星 (*Echinaster spinulosus*)

真核生物域
动物界
棘皮动物门
海星纲
有棘目
棘海星科
棘海星属
小棘海星

这种海星的腕上分布着一排刺，用来保护自己。它通常为紫色或棕色，活着的个体会有更丰富的颜色。小棘海星用腕下的小管足移动，并用顶端的亮橙色吸盘抓取猎物。在腕的顶端有橙色斑点，这是小棘海星的感光器官——原始的眼睛。

去哪儿找： 小棘海星分布在西大西洋、加勒比海和墨西哥湾的浅水区。

多刺海星 (*Marthasterias glacialis*)

真核生物域
动物界
棘皮动物门
海星纲
钳棘目
海盘车科
细海盘车属
多刺海星

这种海星纤细的腕上有排列整齐的刺。它中间的盘很小，看起来就像只有腕。多刺海星可以长到60厘米宽。虽然在很多地方，从泥泞的浅海到被海浪拍打的岩壁，都能生长得很好，但它最喜欢的还是平静的水域，通常能在那里找到很大的个体。

去哪儿找： **多刺海星主要分布在英伦三岛的西部和西南部的深水海域。**

海胆和海钱

活海胆的典型形象就是一个浑身长满刺的球。海胆用这些刺来抵御外敌——想要咬或者抓住海胆的动物会被它们刺伤，有时刺还会断在攻击者的皮肉中。有些海胆的棘刺里有毒素。人们偶尔也会因误踩海胆而受伤。此时，必须将棘刺完全清除，避免更严重的损害。有的海胆还具有一种叫作叉棘的器官，就像末端有嘴的触手。一些种类的叉棘也能释放毒素。

海胆有碳酸钙质的内骨骼，叫作介壳。海胆有时被误认为贝壳，因为它的介壳常常在海滩上和贝壳一起被发现。但介壳不是通常意义上的外壳，因为它位于海胆皮肤的下面，为了保护内脏而存在，同时也用来固定棘刺。介壳在海胆死后可以保存很久，它是我们收集的对象。有时，你可以看到海胆介壳上的5颗牙——海胆的嘴位于身体底部的中央。从大多数介壳的外形我们可以看出海胆为五辐射对称，虽然海胆活着的时候并不明显。介壳通常被阳光晒成白色，因此你最有可能找到的海胆介壳就是这个颜色。

海胆、海星和本节的其他收藏品通常都是很脆弱的，有时又很尖锐，需要小心地轻拿轻放。请按照以下说明来保存它们。

海胆

1. 浸泡在淡水中，隔几个小时换一次水。至少持续一天，直到泡过的水变清澈。然后彻底晾干。

2. 在漂白液（漂白剂和水的比例是 1:1）中浸泡 15 分钟。不要泡太久，因为漂白剂中含有侵蚀成分。使用漂白剂时需小心。

3. 将海胆从漂白液中取出，用清水彻底冲洗干净。

4. 彻底干燥。

5. 可选：上色。为了让它们更坚硬，可以加 50% 的胶和 50% 的水在染料中给它们上色。然后彻底晾干。

海星

1. 在 70% 的异丙醇中浸泡过夜，这样可以彻底清洁海星。

2. 将海星放在盘子里，在上面撒上大量海盐，然后在太阳下晒干。

普通海胆 (*Echinus esculentus*)

真核生物域
动物界
棘皮动物门
海胆纲
海胆目
海胆科
海胆属
普通海胆

这种海胆活的时候一般为红色或紫色，棘刺的中间夹杂些白色。棘刺大多数很短，少数较长。海胆的介壳通常具有 20 排石质盾片。海胆的形状像顶部和底部扁平的地球仪。雌海胆通常将卵产在水中，一次可以产 20 万枚。海胆是人们喜欢的食物之一。

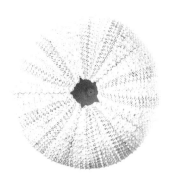

去哪儿找： 海胆主要分布在欧洲的北海，以及欧洲西部和北部的海岸，从葡萄牙到芬兰、丹麦和冰岛均有分布。

饼干海胆 (*Clypeaster humilis*)

真核生物域
动物界
棘皮动物门
游在亚门
海胆纲
真海胆亚纲
楯形目
楯形亚目
楯海胆科
楯海胆属
饼干海胆

海胆的口位于身体下方，肛门则通常位于另一侧，也就是头顶。饼干海胆是个例外，它的口和肛门都位于身体下方。而在这种特殊的海胆的上方，和它的几种亲戚一样，是类似 5 个花瓣的图案。这个图案由一种特殊的海胆用来呼吸的管足构成。花瓣图案在介壳上都是可见的。

去哪儿找：虽然楯海胆属的化石全球范围内都有发现，但饼干海胆分布在红海、非洲东部和南部的海域，特别是南非和马达加斯加附近。

砂币海胆 (*Echinarachnius parma*)

真核生物域
动物界
棘皮动物门
海胆纲
楯形目
盘海胆亚目
网沟海胆科
网沟海胆属
砂币海胆

饼干海胆像饼干一样是扁平的，它的表亲砂币海胆比它更扁平。砂币海胆因为和硬币很像而得名。活的砂币海胆长着一层细软的刺，喜欢在松软的沙子或泥里挖洞。砂币海胆有一项摆脱天敌的特殊技能：迅速克隆自己。两个个体同时逃跑比一个个体的生存概率增加了一倍。

去哪儿找：砂币海胆在美国北部新泽西州的东部海岸最常见，有时也会出现在北太平洋阿拉斯加甚至西伯利亚和日本的海岸。

刺胞动物门

水母、珊瑚虫和它们的亲戚

珊瑚虫属于珊瑚虫纲。

刺胞动物门的动物形状各异。在生长的不同阶段，刺胞动物的形态可能是蠕虫状的息肉、果冻状物质，也有可能长满触角。

这一类群的共同特点是具有刺丝囊这个小武器。被触摸或者受到化学刺激后，刺丝囊会像子弹一样发射出去，因此被用来捕捉猎物、抵御天敌、攻击领土上的竞争对手等。刺丝囊的外形也各不相同：有的像鱼叉，穿透敌人的身体然后释放毒素；有的尖端具有胶水状的物质或套索去捕捉猎物。不同的刺胞动物，如水母、箱水母、葡萄牙僧帽水母、其他水螅、海葵、珊瑚虫和火珊瑚虫等，具有不同类型的刺丝囊。箱水母刺丝囊中的毒素可以致命。因此，可以安全收集的是珊瑚。珊瑚是珊瑚虫纲动物建造的家。在有些地方，数百万的珊瑚虫生活在一起，每只珊瑚虫都会做一个管状的碳酸钙壳来保护自己。它们的壳彼此相连或者附着在岩石上，珊瑚也因此具有不同的颜色和形状。

几十年之后，某些珊瑚虫连在一起的壳会变成巨大的水下结构，我们称之为珊瑚礁。世界上最大的珊瑚礁是澳大利亚的大堡礁，它由 3 000 座以上的珊瑚礁相连而成，全长 2 027 千米。这么大的珊瑚礁对于生态具有非常重要的意义，除了珊瑚虫，它们还是鱼、甲壳动物、藻类等许多其他海洋生物的庇护所。珊瑚礁沿线的生物多样性极其丰富。据估计，1/4 的海洋物种生活在珊瑚礁周围，即使珊瑚礁的面积还不到海洋面积的 1/100。

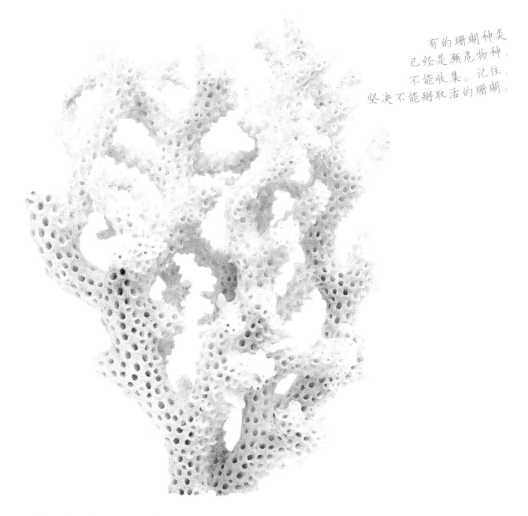

有的珊瑚种类
已经是濒危物种，
不能收集。记住，
坚决不能掰取活的珊瑚。

花鹿角珊瑚（*Acropora florida*）

真核生物域
动物界
刺胞动物门
珊瑚虫纲
石珊瑚目
鹿角珊瑚科
鹿角珊瑚属
花鹿角珊瑚

　　这种珊瑚属于鹿角珊瑚科，因为分枝长得像鹿角而得名。花鹿角珊瑚增长迅速，这样可以挤走珊瑚礁中生长缓慢的其他珊瑚。因为又轻又脆，所以花鹿角珊瑚很容易在风暴中破碎。它和一种叫作虫黄藻的藻类共享保护壳，并以虫黄藻光合作用产生的食物为生，也会用刺丝囊捕食其他浮游动物。作为回报，藻类获得居住权和珊瑚代谢物的使用权。两个物种间的这种互利关系叫作共生。

去哪儿找：花鹿角珊瑚分布在印度洋—太平洋地区，从日本、中国东部海域到澳大利亚珊瑚礁，再到西南印度洋均有分布。

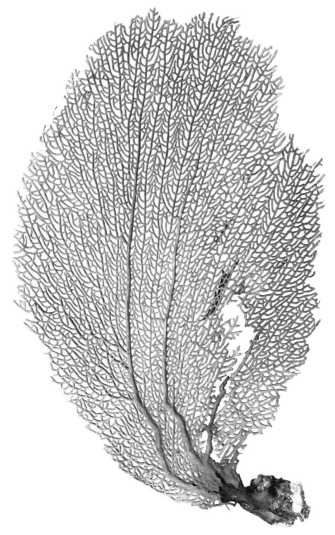

海扇珊瑚（软珊瑚目）

真核生物域
动物界
刺胞动物门
珊瑚虫纲
软珊瑚目

也叫作柳珊瑚，口周围着生有 8 只触手。它会用触手赶拢水中的浮游生物。我们收集的部分就是珊瑚群的外壳，外形像一片叶子或者扇子，宽而且扁平，像植物一样着生在泥沙或者石头上。这种有着巨大表面积的形状，很适合在水中滤食的群体。海扇珊瑚很容易成为其他动物的家，比如海马和海蛇尾。海扇珊瑚外壳的颜色从深紫到亮红，丰富多彩。

去哪儿找：世界上有 500 多种软珊瑚。它们喜欢温暖的浅水海域，主要分布在加勒比海附近，特别是佛罗里达州、百慕大、西印度群岛的浅海。

脑珊瑚 （蜂巢珊瑚科）

真核生物域
动物界
刺胞动物门
珊瑚虫纲
石珊瑚目
蜂窝珊瑚亚目
蜂巢珊瑚科

　　这种珊瑚的壳会长成坚固、圆润的形状，像菜花或者人脑。这种造型使得它比花鹿角珊瑚长得慢，但坚硬得多，因此它们可以在激流中生活，甚至能抵御飓风。这个科的不同种珊瑚的形状和颜色差异较大，从它们的俗名"菠萝珊瑚""月亮珊瑚"和"糖果手杖珊瑚"就可以看出来。脑珊瑚可以长到 180 厘米长，存活 900 年左右。它向上和向两侧生长形成珊瑚礁。

　　脑珊瑚和虫黄藻共生，但也捕食浮游生物。它是珊瑚中的大个子，可以捕食像盐水河虾那么大的动物。此外，它不仅用刺丝囊来捕捉猎物，还用它来杀死其他种类的珊瑚，保护自己的生存空间。

去哪儿找：脑珊瑚可以在浅海温水的珊瑚礁找到，在世界上分布广泛。

海绵动物门
海绵

真核生物域
动物界
海绵动物

世界上有大约5 000种海绵。
有些海绵是肉食性动物，
会用陷阱捕食小的甲壳类动物。

大多数动物都有专门的组织，比如人类的皮肤、骨骼、神经等都由不同的细胞构成。但是，在海绵这种最原始动物的身体里，大部分细胞都没有特定的功能，所以即使把海绵撕成两块，也可能杀不死它，仅仅是把它变成了两个海绵。

海绵的骨架由蛋白质纤维构成，有的还含有微小的矿物颗粒。两层细胞之间的肉像一层薄薄的果冻，里面有很多通道，可以让海水流过。多数海绵以浮游生物为食。少数几种海绵的骨架柔软而有弹性，所以被用作清洁工具。几十年前，人类为了制作清洁工具而捕捉了很多海绵，如今这些种类都很稀少了，我们现在用的"海绵"都是人工合成的。海绵动物门大部分成员的骨架都类似于珊瑚，质地较硬。它们是可以收集的对象。因为海绵是不对称的，所以这些颜色各异的动物常常拥有惊人的形状。比如，有种叫作象耳海绵的，多数时候是宽而扁的形状，但也可能长成管状或者像珊瑚礁上的一摊"锈"。

去哪儿找：海绵生长在世界各地的海洋中，从极地到热带都有分布。它喜欢平静、清澈的海水，因为大量的泥沙会阻塞它捕食用的毛孔。

第三部分

关于植物，能收集什么

第六章

蕨类植物、裸子植物和
被子植物

(PHYLUM)

绝大多数植物通过光合作用获取营养。这个化学过程的主要能量来自太阳光。光合作用的原料是二氧化碳和水。植物利用光能重组二氧化碳和水的分子，转化为更复杂的碳水化合物，比如糖。碳水化合物富含能量，可以为植物的生命过程比如生长和繁殖供给养料。动物通过吃植物或植食性的动物，也可以获得这种能量。

通过食物链，一些能量在捕食与被捕食的过程中被传递下来。在制造出碳水化合物的同时，植物还释放氧气。植物、动物和其他生物都需要氧气来呼吸。植物释放出的氧气远超过自己所需。

通过现生植物和已知的化石证据，科学家将植物界分为12个门。由于科学家们不停地在发现新的遗传证据，他们不断更正和放弃旧的分类体系，接受更复杂的系统，所以植物的分类也在不断变化。世界上大约90%的植物被列入被子植物门中。因此，我们主要收集这些植物体。在本章结尾还有关于其他门的植物的一些例子。

被子植物门

这一门植物指的是具有真正的花的一类植物，它们是地球上种类最多、进化最高级的植物类群。花朵是植物的繁殖器官，会产生微小的颗粒物质。这种物质被叫作花粉。花粉可以通过风"旅行"，也可以通过别的动物比如蜜蜂、蝴蝶等被传递到其他地方。

当花粉被带到另外一朵花上，它就完成了对雌性生殖细胞的受精。这样植物在花期之后就能生成果实和种子。果实由植物的胚珠或含有卵子的胚囊形成。有的果实可以吃，所以能吸引动物。但是植物为什么要花费精力替动物制造食物呢？这要看动物吃完果实后的举动。因为植物本身不能移动，它们需要把种子传播到远方来避免后代与父母争抢生存空间和营养。动物可以通过许多方式帮助植物传播种子。比如，乌鸦衔着一颗果实飞走，吃完果肉后将种子吐在远离母本植物的土壤中。如果有动物吃果实时误吞了种子，它就会在其他地方通过粪便把种子排出来。

虽然开花植物不是唯一用种子繁殖的植物，但是开花植物的种子内含有胚乳——帮助胚胎植物生长的营养物质。

(CLASS)

双子叶植物

开花植物分为几个纲。其中，超过70%的开花植物属于双子叶植物纲。这个纲的共同点是具有相同的微观结构——它们的花粉粒具有3个萌发孔，而其他开花植物为单孔。双子叶植物的另外一个特点是具有两片子叶。子叶是植物发芽前存储在胚胎中的叶子。双子叶植物包括向日葵、卷心菜和大多数常见树木。

西洋蒲公英种子

每一种被子植物都进化出一些独特的技能来确保自己的种子能顺利到达肥沃的土壤生根发芽。

西洋蒲公英（*Taraxacum officinale*）通过用蓬松的纤维做成的"降落伞"来传播自己的种子。它有着高高的茎，茎的顶端长着花，花凋谢后长出种子，风一吹便把种子带走了。保存蒲公英绒毛的一个好办法是喷洒丙烯酸喷雾或者发胶。这样不仅能让容易被风吹走的部分变硬，还能使微小的纤维变粗，更容易观看。不过，这个过程必须在室外进行。喷洒丙烯酸喷雾和发胶的时候要小心，至少距离蒲公英 20 厘米，不然喷雾本身的力量就足以把蒲公英纤维都吹走。开始轻轻地喷一下，等它干燥后，需要的话可以再重复以上步骤。

需要说明的是，"蒲公英"（dandelion）这个单词源自法语"狮子的牙齿"，这是因为它锯齿状的叶子很像满嘴的牙齿。

去哪儿找：**蒲公英分布在世界各地的温带地区，特别是草坪和道路两旁。**

薰衣草干花

真核生物域
植物界
被子植物门
双子叶植物纲
唇形目
唇形科
薰衣草属
薰衣草

薰衣草（*Lavandula angustifolia*）是一种深受欢迎的灌木。它每个花茎的顶端有一个穗状花序，着生浅紫色的花。薰衣草的用途很多，它的花能够装点庭院，还能用来制作香料和香皂。但这种气味对一些昆虫比如衣蛾来说是难以忍受的，因此人们把薰衣草和衣服放在一起防蛀。薰衣草也用于制造医药、茶甚至按摩精油。

如果想要自己干燥薰衣草，可以去掉多余部分，只保留 16~20 厘米的茎，然后用橡皮筋从底部将它们扎在一起，倒挂在温暖、干燥、最好是无光的房间，并保证良好的通风。大柜子是不错的存放工具，干燥鲜花其实也需要空气。将薰衣草悬挂 1~4 周，直到晾干。

去哪儿找：薰衣草原产于地中海西部地区，但现在世界上很多地方的花园里都有种植。

漆玫瑰（蔷薇属）

玫瑰以美丽和芬芳著称。世界上共有100多种玫瑰，此外还有很多各种颜色和大小的杂交品。玫瑰本身就形态多样，比如像灌木一样铺开生长的种类、像藤蔓一样攀援生长的种类。大多数玫瑰的木质茎上长有猫爪一样的刺，这些刺能够帮助玫瑰紧紧抓住篱笆、树干和其他表面，向上攀爬生长。这可以让玫瑰获得竞争优势——在生存环境拥挤的地方，高大的植物可以获得更多的阳光。

干燥玫瑰的时候，可以先把扎手的刺修剪掉，让茎尽可能地光滑。从花以下的16~20厘米处剪掉，扎住末端，然后倒挂在温暖、干燥的房间，晾1~4周。干燥后的玫瑰依然会保持原有的香味。

彻底干燥后，用清漆喷在玫瑰表面，可以使它更坚固。如果不喷漆，玫瑰很快就会碎成粉末。

去哪儿找： 世界上有100多种玫瑰，大多数都不难找。很多地方生长着野生的玫瑰，这些玫瑰往往会扩散到原产地以外生长。

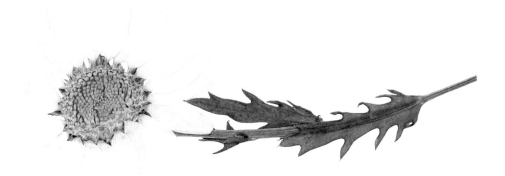

雏菊压花

看起来只有一朵的雏菊（*Bellis perennis*）实际是由几百朵小花构成的。在雏菊的中心挤满了小黄花，它的边缘看起来像白色花瓣的部分实际上也是独立的花。这种由很多小花形成一朵"大花"的结构，叫作假单花。雏菊的假单花长在茎的顶端，我们把这种茎叫作轴。

制作雏菊或其他压花时，需要选择较厚的纸张，水彩纸是不错的选择，不过普通的打印纸也能用。将纸对折，然后小心地把花放在两片纸中间，把叶子弄平整后下压。不需要弄得特别平。

找一本百科全书或者其他厚书，把装有雏菊的纸夹在书页中央。用结实的绳子把书缠起来并绑紧，保证书合严。每隔几天用铅笔紧一下绳子（和使用止血带的方式一样），这样几周后你就会有非常漂亮的压花了。

去哪儿找：雏菊原产于欧洲西部、中部和北部，在美国分布也很广。

魔鬼爪的种荚

真核生物域
植物界
被子植物门
双子叶植物纲
玄参目
胡麻科
魔鬼爪属

　　一只公牛在干旱的草原上吃草。它的蹄被地上一个奇怪的东西挂住了——看起来像一只长有两根长长的、骨瘦如柴指头的手，但是它是木质的。公牛走开了，并没有注意到它。弯曲的"手"卡在牛蹄上好几个小时。当公牛走路时，它偶尔会撞击到地面。这时，黑色的种子便从"手指"间的开口处掉落出来。每颗种子和人类的牙齿差不多大。随着公牛移动几千米后，这个奇怪的东西才会脱落。那时它已经传播了十几颗种子。

　　这只"手"是魔鬼爪（*Harpagophytum procumbens*）的种荚。它长在角胡麻上。这就是角胡麻传播种子的方式。春天，角胡麻看起来和杂草没什么两样。它的叶子呈深绿色，有少量绒毛，分枝拖在地上。如果你伸手去拿这种难闻的植物，它会把你的手弄得黏黏的。这层黏液有时可以粘住并杀死想吃它的昆虫。

　　夏天到来后，角胡麻会开出像软喇叭一样的花。很多人种角胡麻就是因为它漂亮的粉色或黄色的花。花枯萎凋谢后，果实会在枝条末端长出来。刚长出来的果实像其他水果一样是扁圆形的。随着果实长大，它的形状开始变得独特：一开始像弯曲的泪滴，也有人觉得像有一只角的马脖子，这也是它的英文名"独角兽"（unicorn plant）的由来。人们有时会用这些果实做泡菜。

在夏天最热的时候，奇怪的事发生了。果实开始变硬，然后蜕皮。变干的表皮从松软的深绿色变成坚硬的黑色革质。你可以透过干燥的表皮看到下面的黑色木质部分。这时果实差不多要变成魔鬼爪了。首先它需要夏日阳光的烘烤。天气已经持续干爽了数天。干热使果荚前部从中间整齐分开。如果你刚巧在附近，可以听到破裂的声音。果实从植株上掉落下来。接下来一两天的干热天气会使它完全裂成两部分。现在它们看起来很像手指了，已经完全变成了魔鬼爪。它已经做好准备挂住牛蹄或者人的脚踝了。

通过广泛地传播种子，角胡麻避免了它的后代之间的相互竞争。这些种子在相距很远的地方各自发芽，在水和营养充足的地方生根、生长。

去哪儿找：**魔鬼爪**在干旱地区很常见，比如加利福尼亚州西南部和亚利桑那州、内华达州南部、得克萨斯州西部和墨西哥北部的沙漠。

原住民数百年来都用魔鬼爪来编篮子。

上漆（或打蜡）的美国榆树叶

榆树在欧洲、亚洲和北美洲都很常见。这里主要介绍收集美国榆（*Ulmus americana*）的方法，这些方法对其他种也适用。美国榆表面剥落的粗糙树皮上有纵沟。它的花没有花瓣，而且你不会认为那是花，因为它们看起来更像茎上长出的褐色水泡。美国榆的种子叫作翅果，有着纸质的椭圆形翅膀，可以乘着风飞离父母。它的叶子有着细长的叶脉，像羽毛的羽片一样排列。叶子有着锯齿状的边缘，并逐渐变窄聚集到一点。叶子基本对称，左右稍微有点儿不平衡。

以艺术的方式保存美国榆的叶子的方法和前面介绍的压花一样。另外一种方法是先用微波炉干燥它们，并弄平。想要这么做，需要准备两块瓷砖和一些橡皮筋。把叶子铺在两块纸巾或纸板中间，把它们夹入瓷砖中间，并用橡皮筋扎住固定。把夹着叶子的瓷砖放进微波炉，加热30秒以上。拿出来放凉后，再放入微波炉中加热30秒。关键是要慢慢来，这样叶子才会既平坦又不裂开。等美国榆的叶子彻底干燥后，用丙烯酸喷雾或者清漆轻轻地喷一层。一些工艺品商店提供专门喷涂干花和树叶的产品。

还有一种保存方法，就是给叶子打蜡。首先，把叶子放在蜡纸上。你可能想先在微波炉里干燥弄平，但其实没必要，因为打蜡后树叶上的褶皱和纹路会很漂亮。然后，在小碗里熔化一些蜂蜡。当蜂蜡完全熔化后，把叶子完全浸入蜂蜡中。蜂蜡会很烫，要小心。取出叶子，放在蜡纸上晾干。叶子会干得很快。轻轻地把叶子从蜡纸上剥离。如果有多余的蜡，你可以用剪刀修剪掉。

去哪儿找：美国榆可以在世界上的很多落叶林里找到，而且它一度在北美洲和欧洲的城市绿化中被频繁使用。不过，在 20 世纪下半叶，北美洲和欧洲原生的很多榆树死于荷兰榆树病。

苹果种子

真核生物域
植物界
被子植物门
双子叶植物纲
蔷薇目
蔷薇科
苹果属

和很多动物一样，马喜欢吃苹果（苹果属）。这对苹果树是有益的。它用美味的果实包裹种子，当马吃苹果时，也会把苹果种子吞进去。种子是光滑的，它坚韧的外衣可以保证它穿过马的身体而不会被消化掉。然后，种子随着马的粪便被排在地上。接着，这颗种子可能会长成一棵苹果树。

古老的神话警告我们，苹果种子是有毒的。它们确实含有微量的叫作氰化物的毒素，但是你得粉碎并吃进去 4.5 千克左右的种子才会达到危险的剂量。

去哪儿找： 不同种类的苹果树遍布世界各地。

约翰·阿普尔西德，原名约翰·查普曼，在19世纪早期的西部大开发中，因为种植苹果树和其他水果的成就而成为美国传奇。

橡子（栎属和石栎属）

　　栎属和石栎属植物在北美洲和亚洲的部分地区很常见。它质地坚硬，是优良的建筑材料。这类植物的叶子通常开裂，有时边缘呈锯齿状。橡子是这一类植物的坚果。橡子有个壳斗——有鳞状纹理的帽子。坚果本身是很光滑的，它含有单宁酸，吃起来有点儿苦。一些动物，比如马和牛，吃到单宁会轻度中毒。另外一些动物，像猪和松鼠，可以随便吃橡子，丝毫不受影响。人类会把橡子在水里浸泡几次，去除单宁后才能吃。

去哪儿找： 世界上有几百种栎属和石栎属植物。它们分布在北半球的落叶林中，其中在北美洲物种的多样性最大。

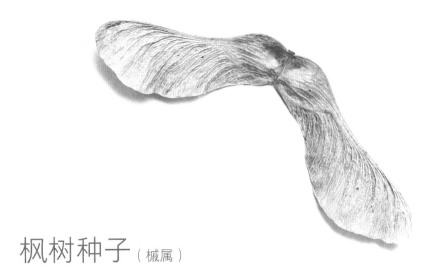

枫树种子（槭属）

真核生物域
植物界
被子植物门
双子叶植物纲
无患子目
槭树科
槭树属

　　枫树种子有层纸质的外衣，和另一端的种子共同形成翅膀一样的形状。当风把种子吹离枫树时，它们用"翅膀"盘旋下降。大多数种子会飞到离树很远的地方才落到地上。

　　你可以把纸质外衣剥开吃枫树种子。如果尝起来苦，可以将它们先煮几分钟，再加入黄油和盐。记住别全吃完，给你的橱柜留一个。

去哪儿找：世界上有 130 多种枫树。大多数原产于亚洲，还有一些分布在欧洲、非洲北部和北美洲。南半球只分布少数几种。

枫树叶子也很值得收藏。

葫芦 *(Lagenaria siceraria)*

真核生物域
植物界
被子植物门
双子叶植物纲
堇菜目
葫芦科
葫芦属
葫芦

是谁发明的瓶子？是植物。有几种植物的果实被挖空并干燥后，可以当作瓶子或水壶使用。这其中就有葫芦科的某些植物。葫芦科植物有甜瓜、南瓜、黄瓜和西葫芦等，还有果皮特别厚的葫芦等。葫芦常被用作装饰品和餐具。葫芦能长成老式汽水瓶的形状，也可以长得像西葫芦那样又细又长，或者像垒球一样圆圆的。

去哪儿找：葫芦很早就被人类驯化种植，但依然可以在野外找到。由于它有很长的驯化历史，世界上大部分地区都能找到。人们相信它的野生祖先来自非洲南部。

(CLASS)

单子叶植物

单子叶植物只有一片子叶或胚胎叶。它们花瓣的数目是 3 或 3 的倍数（比如 6 或 9），叶脉一般为平行脉。我们熟悉的单子叶植物包括小麦、水稻和玉米等谷物，以及平常在草地上看到的那些属于禾本科的草，棕榈树，香蕉，以及百合花、水仙花等用来装饰的花卉。

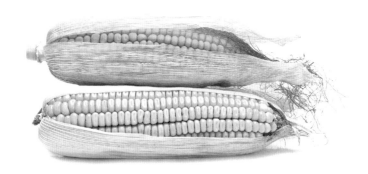

玉蜀黍皮（雌穗苞叶）

真核生物域
植物界
被子植物门
单子叶植物纲
莎草目
禾本科
禾亚科
玉蜀黍属
玉蜀黍

玉蜀黍（*Zea mays*）也叫玉米，是一种被广泛种植的粮食作物。它的植株往往比成人还高，在野外甚至可以长到 12 米高。

它的叶柄还可以长到和棒球棍一样粗。在玉米的茎上，每 2 米有一个叫作茎节的膨大区域，就像我们手指的关节。叶子从每个茎节处长出来。果实长在更高的一簇茎节上，我们称之为穗。每个穗有大约 600 粒玉米，每粒玉米都是一颗带有种子的果实。玉米粒着生在坚实的玉米芯上。整个玉米穗被叫作苞叶的特殊叶片所保护。在玉米仍在生长或刚被摘下来时，苞叶是柔韧的，摸起来像薄薄的、有脊的皮革。当苞叶干燥之后，摸起来像粗糙的纸。

去哪儿找： 大多数人认为玉米起源于中美洲。它现在是美国最广泛种植的作物，并且在世界其他地区都能被找到。

我们吃的"玉米笋"其实就是还未成熟的玉米，在玉米穗还在生长的时候就被采摘下来。

松柏纲

被子植物的种子含有胚乳，可以在种子发育过程中提供养分。除了被子植物，还有一些植物虽然也用种子繁殖，但它们的种子裸露，没有这种营养结构，这一类植物叫作裸子植物。曾经，裸子植物门被认为只包含一个纲。但科学家们后来发现并不是所有的裸子植物都有比较近的亲缘关系，所以把裸子植物门分为几个不同的纲。

其中一个纲叫作松柏纲，如松树。松树木质，大多数为乔木，但也有少数是灌木。它的种子成圆锥形。通常情况下，松树具有笔直的主茎，会分泌树脂保护自己免受昆虫的侵扰。这一类针叶树在北美和其他地区可以形成巨大的针叶林。这些森林是地球上最重要的"转换器"，它们把二氧化碳转换为我们生存所需的食物和氧气。

世界上大约有600种针叶树，
包括世界上最大的树和最老的树。

松树球果（松属）

　　松树可以长到 24 米高，寿命长达几千年。据推算，现存最老的一棵松树已经有 4 600 年了。松树每年都会长出一轮新的枝条。它的叶子长得像面条，又细又长。

　　大多数松树都有雌雄两种球果。雄球花一般比较小，不到 4 厘米。散发花粉后，它们便从树上脱落。最惹人注意的是它的雌球花，可以长到 60 厘米。它们可以在树上留存多年，等成熟后找到合适的时机再散播种子。松果是由排列成螺旋状的种鳞构成。每个成熟的种鳞都带有两颗种子（松果顶部和底部的种鳞是没有充分发育的）。散播种子时，球果打开，释放种鳞，让风把种子吹走。少数种类的松树靠鸟类或森林大火来打开球果锥。由于松果是木质的，不需要特殊处理就可以放在橱柜里保存很久。

去哪儿找：北半球的大部分地区都有自己的本土松树树种，已经扩展到温带和亚热带地区，用作木材或装饰。

杉树球果

真核生物域
植物界
松柏门
松柏纲
松杉目
杉科

　　巨杉属的巨杉又叫作"世界爷"，是常绿高大乔木，可长到 140 多米高，存活 3 000 多年。北美红杉属的北美红杉又叫作"长叶世界爷"，同样可以长到 100 多米高，甚至存活 4 000 年以上。巨杉和红杉都是北美的单种属。

　　在美国加利福尼亚州有一个红杉国家公园，那里生长的最高的加利福尼亚红杉高达 115 米。由于太高了，这些树无法从树根汲取足够的水分，输送到树顶。它们便生长出气生根，直接从空气中吸收水分。这些树长得这么巨大的一个原因是寿命很长，有些已经存活了 3 500 多年。

　　尽管巨杉树形巨大，它的球果却小得惊人，一般不到 7 厘米长。不过，一棵树一次可以结大约 11 000 个球果。杉树的生命周期取决于球果的受损程度。一些球果会经历几十年的休眠，直到一场森林大火将它们干燥，并诱使球果打开把种子释放出来。

去哪儿找：**巨杉在野外只生长在一个地方，即美国加利福尼亚州内华达山脉的西侧。**

银杏纲

银杏种子

银杏 (*Ginkgo biloba*) 是银杏纲唯一还活着的成员。它的叶子成扇形，叶脉平行并随着叶子的变宽延伸，不会彼此交叉。银杏叶在秋天会变成鲜明的黄色，很值得收藏。更有趣的是它的种子。

不同于针叶树，银杏的种子不是锥形的。它的两颗种子从茎的末端长出，包裹着坚硬的外壳（很像坚果）。壳的外层很像水果的肉质层，发出和人类的呕吐物或者腐烂的食物一样的气味，会使人的皮肤长疹子。你可以戴着手套去收集银杏种子。先把肉质部分挤掉并丢弃，然后把种子彻底洗干净。可以用喷漆来去掉种子留下的气味。

去哪儿找： 尽管银杏树的分布区域很小，但它们在中国还是很常见的。银杏树现在也被移植到了欧洲和北美洲地区。

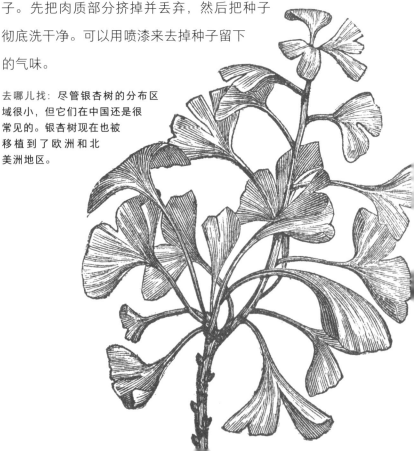

石松亚门

目前为止，我们只讨论了用种子繁殖的植物。而有些植物根本不产生种子，而是用孢子繁殖后代，一个单细胞就能产生一个完整的有机体。它们统称为孢子植物。蕨类植物和苔藓植物都属于孢子植物。

孢子植物中有一个石松亚门[1]。石松植物是地球上最古老的植物之一，有化石证据证明它们已经在地球上存活了 4.1 亿年。石松和有单一主脉的大多数植物都不相同。

石松植物有非常易燃的孢子，所以在哪收集和如何收集都需要格外注意！

---

1. 亚门是介于门和纲之间的分类等级。——编者注

鳞叶卷柏 (*Selaginella lepidophylla*)

真核生物域
植物界
苔藓植物门
水韭亚门
卷柏目
卷柏科
卷柏属
鳞叶卷柏

第一次看到鳞叶卷柏时，你会觉得它像一团棕灰色的已经死掉的茎。它大概和人的拳头差不多大，不包括垂下来的乱糟糟的根。

但是把鳞叶卷柏放进水中后，惊人的事情就发生了。球开始展开，灰色的茎开始变绿，叶子从茎上长出来。总之，它活过来了。这些变化在几小时内完成。

几个世纪以来，有人用鳞叶卷柏当作魔术道具来戏弄别人。但实际上这并不是因为什么魔力，而只是植物适应沙漠生活的方式。因为沙漠的降雨量很少，动物和植物为了生存不得不使用一些特殊技能来维持生存。比如，仙人掌粗壮的茎善于储水，这种结构特点能让它们度过干旱时期。

一种擅长生活在沙漠中的动物叫作收获蚁。它可以把洞穴挖到地下 3~4.5 米的地方。在那个深度，温度凉爽而稳定，这对白天酷热、夜晚严寒的沙漠来说是非常宜居的。收获蚁可以只在不热也不冷的清晨出门。

那鳞叶卷柏如何适应沙漠环境呢？它可以通过脱水来度过极端干旱的时期，这时它看起来就像死掉了一样。植物活着的时候，吸收二氧化碳，通过阳光和水进行光合作用，制造养分来供自己生长繁殖，同时释放氧气。鳞叶卷柏在脱水时，这些生理过程都会停止，不吸收二氧化碳，也不释放氧气，它就懒懒地躺在那里像是死掉了一样。

不过一旦下雨，植株就会舒展开并变绿。它并不需要太多水，清晨的露水就足以让它变绿。

如果想收藏鳞叶卷柏放在你的橱柜里，唯一要做的就是将它彻底干燥。先把鳞叶卷柏从水盆里拿出来，不要让它受潮。几天后，它会蜷缩成一个小灰球。这时就可以直接放进橱柜了。如果你想戏弄朋友的话，就把它拿出来重新放进水里。鳞叶卷柏的复活游戏可以玩很多次。

去哪儿找：鳞叶卷柏原产于墨西哥的奇瓦瓦沙漠。其他种类的卷柏可以在中东的沙漠中找到。

第四部分

关于岩石，
能收集什么

第七章

普通矿物、宝石和化石

　　它是动物、植物还是矿物？人们玩猜谜游戏时，第一个就会提这个问题，因为这是林奈划分世界的方式。在自然帝国，林奈认为有3个界：动物界、植物界和矿物界。很多年以来，这都是人类认识世界的方式。问题是，科学家不再把这套分类系统用在矿物上。这也是我把它们单独列为一部分，也不会给它们分类等级的原因。

詹姆斯·赫顿，苏格兰的农民和博物学家，
被公认为现代地理学的奠基人。激发他的是他的好奇心。

什么是岩石？

每个人都理所当然地认为自己知道岩石是什么。但是，它到底是什么呢？大多数情况下，岩石是由矿物构成的。但是矿物又是什么？矿物是自然界中产生的一种物质。在成为真正的矿物之前，它必须在一定的温度下固化，还必须有特定的化学结构。最重要的是，矿物必须由晶体构成。好吧，那晶体又是什么呢？晶体是有独特的几何形状的物质。如果矿物在缓慢的形成过程中没有被压碎，它就会形成很多和自己形状一样的晶体。比如，盐这种我们每天都会吃的矿物，它的晶体形状就是像骰子一样的小方块。有时矿物太小，它的晶体形状我们用肉眼看不清，科学家就使用显微镜来观察。

但有些物质不属于矿物。任何由植物或动物构成的物质都不属于矿物。比如，骨头和贝壳就不属于矿物。木材是植物，橡胶是橡胶树的汁液制成的，它们都不属于矿物。有个棘手的问题是煤是矿物吗？煤看起来像黑色的岩石，它是由曾经活着的植物历经数百万年岩层的挤压形成的。因此，它来自植物，不能算是矿物。同样，人造的东西也不算矿物。

现在，世界上已知有大约4 900种矿物。一些有经济价值的高密度矿物，比如铁，被称为矿石。

岩石是一大块矿物。它可以包含一种矿物，也可以包含好几种不同的矿物。如果岩石里混入了其他物质也没关系，它依然是块岩石。岩石的成分从来都是不确切的。岩石可以是鹅卵石那么小，也可以是山脉那么大。地壳是由岩石构成的。一些岩石包含生物的痕迹——动物骨头、树叶甚至人造物，但它们还是岩石。

普通矿物和宝石的收集

　　严格来讲，宝石是特殊材质的晶体，比如说钻石。可以通过切割、抛光来增强它的美丽，然后用于珠宝制作工艺上。然而，大家经常用"宝石"这个词去指代一些由超过一种矿物构成的漂亮岩石，比如青金石这种漂亮的蓝色岩石里面至少含有 4 种不同的矿石。

　　让我们先来看看那些被我们认为是宝石的矿物和岩石，接着我们会看一些其他并不漂亮但有迷人特质的矿物和岩石。

绿松石

　　绿松石千百年来都被人珍视，也是第一种被人类开采的矿石。当少量雨水溶解微量铜到岩石和土壤时，绿松石就产生了。水分蒸发后，铜、铝以及磷结合，形成了绿松石微小的沉积。绿松石美丽的蓝绿色调受到广泛喜爱，几乎只被用在珠宝和艺术品上。

去哪儿找：绿松石常见于美国西南部、中国、智利、埃及、伊朗以及墨西哥。它通常在气候干燥的环境和火山岩层中被发现。

萤石

　　"荧光"这个词就来自萤石。萤石在紫外灯下会发出蓝紫色的光芒。萤石通常是立方晶体，在所有矿石中颜色范围最广。萤石标本的颜色可以覆盖所有色卡。最受欢迎的颜色是紫色。萤石被用作制造玻璃、珐琅和特殊光学镜片的材料。

去哪儿找：萤石分布在世界各地。在俄罗斯、中国、英国、法国、西班牙、瑞士、印度、摩洛哥、纳米比亚、南非、加拿大、墨西哥和美国都大量存在。钢青色的萤石品种只在英格兰被发现过。

蛇纹石

蛇纹石的名字来源于它像蛇一样的绿色。蛇纹石不是一种矿物，而是由 20 种矿物组成的集群。从前，人们佩戴蛇纹石，期望可以被其保护不被蛇攻击；现在大多数蛇纹石都被雕刻成装饰品，或者用作绿色大理石的替代品。它经常被比作玉——一种看起来和蛇纹石类似但更加珍贵的幽绿色矿物。

去哪儿找：蛇纹石可以在北美洲、欧洲、亚洲和新西兰的很多地方找到。在美国的纽约州、宾夕法尼亚州和加利福尼亚州都有大量蛇纹石分布。它是这些州的官方代表岩石。

石英

古罗马作家老普林尼认为石英是由永久结冻的冰制成的。实际上石英是由火山岩熔化的结晶形成的物质。石英的颜色从半透明（甚至是透明的）到玫瑰粉再到金黄色。它的宝石矿石品种包括紫水晶和黄水晶。

去哪儿找：石英是地壳中最常见的矿物之一，在世界上很多地方都能找到，最常见于砂岩、花岗岩和页岩中。

缟玛瑙

缟玛瑙是一种石英，它有很多颜色，最常见的颜色是深黑色、大红色、棕色或带有白色条纹的黑色。古希腊、古罗马和古埃及一度很流行使用缟玛瑙，至今它仍然是珍贵的宝石。

去哪儿找：因为缟玛瑙来自石英，它在世界各地都能找到，在巴西、东亚、马达加斯加和美国最为常见。

虎睛石

虎睛石是石英的另外一种衍生物，是有着明亮光泽的金黄色、琥珀棕色相间的宝石矿石。作为准宝石，虎睛石常被用在艺术品和珠宝上。它的一种蓝灰色的变体被称为鹰眼石。

去哪儿找：**虎睛石主要出产在南非，其他地方不常见，有少量分布在纳米比亚、澳大利亚、印度和泰国。**

碧玉

碧玉是一类不透明的岩石，也是一种石英与其他矿物质的混合物，通常呈棕色、黄色、红色或绿色，有斑点或条纹。有些类型的碧玉是条带状的。条带状的碧玉看起来很像玛瑙，但跟玛瑙不同的是碧玉是不透明的。碧玉是三月份的生辰石。

那哪儿找：**碧玉在世界各地都有分布，美国西部尤其多，特别是亚利桑那州、犹他州、俄勒冈州、艾奥瓦州、华盛顿州、加利福尼亚州和得克萨斯州。**

紫水晶

紫水晶是石英里面最珍贵的一种矿石，颜色变化从近乎透明到深紫色。深紫色的紫水晶是最贵重的品种。有些紫水晶的颜色会随着曝光时间的推移变浅。

去哪儿找：**紫水晶几乎无处不在，但南非、南美洲、北美洲和俄罗斯产量最丰富，其颜色和形状因产地而异。比如，美国亚利桑那州产的紫水晶是深蓝紫色，而俄罗斯产的紫水晶有淡红色亮斑。**

玛瑙

玛瑙和碧玉类似，是条带状的石英，具有各种各样的颜色和纹理。一般来说，玛瑙是填充火山岩的孔而形成的，所以外形一般为圆形。每块玛瑙的纹路都有自己的特点，没有两块完全相同的玛瑙。

去哪儿找：玛瑙在墨西哥、阿根廷、乌拉圭、巴西、印度、澳大利亚和美国都很常见。在美国，玛瑙主要分布在俄勒冈州、亚利桑那州、蒙大拿州、怀俄明州、南达科他州和密歇根州。

菱镁矿

菱镁矿是带有黑色或褐色脉纹的白色矿石。从合成橡胶到珠宝和艺术品制作，它的用途十分广泛。1984年，南极洲发现了一块火星陨石，上面有菱镁矿的痕迹。之后，菱镁矿在火星上也被发现过。

去哪儿找：世界上大部分的菱镁矿都分布在欧洲、亚洲、澳大利亚和南美洲。

石膏

石膏是一种软到可以用指甲划开、可塑性强得令人难以置信的物质，是世界上应用最广泛的矿物之一。石膏被用在化肥、刷墙、石膏板和建造桥梁公路的水泥中。石膏的颜色很丰富。它的品种包括雪花石膏、沙漠玫瑰和硒。

去哪儿找：石膏是极其常见的，世界各地都有分布。石膏晶体分布在山洞里、黏土层，偶尔也能在沙质地区比如海滩被发现。中美洲和美国西部都出现过罕见的标本。

愚人金（黄铁矿）

很多岩石因为里面的矿物成分而变得有趣，愚人金就是一个例子。愚人金不是黄金，而是一种叫黄铁矿的矿物。它长得和黄金非常像，呈闪亮的金黄色，所以人们经常把黄铁矿误认为黄金，这也是愚人金这个名字的由来。但是，黄金很值钱，愚人金却不值钱。它是地表岩石中非常容易找到的一种矿物。科学家常通过一种简单的刻痕测试法来分辨这两种金属。你只需要一只陶瓷花盆，记住必须是陶瓷，然后用金属在花盆上划下痕迹。如果痕迹是金色的，那就是黄金；如果是墨绿色的，那就是黄铁矿。

去哪儿找： 黄铁矿是一种极为常见的矿物，不过产地不同，它的形态也有所不同——从扁平状到球形光盘状再到粗糙的立方体。黄铁矿在美国西部和中西部最常见，秘鲁、西班牙、俄罗斯和南非等地也有分布。

谈谈黄金（还有铜和银）

砂金： 除了南极洲外，各大洲都有金矿。但黄金依然是极其稀有的矿产，这使它成为抢手的贵金属之一。天然金里也包含银、铜和铁。砂金几乎是由纯金构成的，掺杂了一点点银，极其罕见，可以在溪流和河床找到。大多数黄金是从岩石或矿石中开采出来的，而不是现成的砂金。矿石往往是富含铁的岩石或白色石英，含金量非常少。大西洋和太平洋蕴藏着地球上最多的黄金，其藏量是目前已经开采出的金矿的 8 倍。

铜矿石： 铜是世界上消耗最大的金属之一，因其为强大的电导体而被广泛开采。跟黄金相比，纯铜更亲民。如今，世界上 1/3 的铜都是由智利供应的，大多开采自安第斯山脉。

银矿石： 几千年来，银都被用作装饰品。它十分耐用，并且比其他矿物更难溶解。大多数银是从银矿石中提取的。纯银中一般会加入少量金、铜和铅或其他化学元素，比如硫、砷和氯。和砂金一样，银也常在河床和溪流中被找到。银比黄金的储量更丰富，但仍然很稀有。北美洲、中美洲和南美洲储存着大量的银。

变质岩

岩石学家（研究岩石的学者）把岩石分为3类：变质岩、火成岩和沉积岩。当火成岩或沉积岩被来自地球内部的热量或压力改变时，就形成了变质岩。地壳基本上由这3种岩石构成。

滑石

滑石是一种变质岩，常由富含镁的矿物经热液蚀变而成。滑石的主要成分是云母，而云母是地球上最柔软的矿物（因为很容易雕刻，所以常被用于雕塑），因此，滑石的质地也很柔软。因为摸起来像肥皂，所以滑石的英文名（Soapstone）意为肥皂石。在不同的地方，滑石有不同的用途。有的滑石品种被放进冰箱冷冻后用作冰块。

去哪儿找：**滑石到处都是。大部分滑石来自巴西、中国、印度、欧洲各国和美国。**

大理石

大理石是石灰石经过加热、加压后形成的变质岩，主要由方解石构成，还包含很多其他矿物，比如石英、石墨和黄铁矿。大理石一般存在于30米厚的大型矿床中。它的颜色很浅，一般呈白色、灰色、粉色、黄色或黑色。其中，纯白色的大理石最宝贵。大理石的用途很多，它可以被粉碎，也可以被切割成大块、抛光，然后运用于许多方面，从修建公路到重要古迹和雕塑的制作都能见到它的身影。位于印度的泰姬陵则完全是由白色大理石建造而成的。

去哪儿找：**大理石在世界各地都有分布，主要在美国、欧洲各国和印度被集中开采。**

在古代，大理石被广泛用来制作雕塑。
刚从采石场挖出来的纯白色大理石带有少量或者完全没有杂色，
质地较软，很容易雕刻，一段时间后便会硬化。
半透明的外观使大理石作品看起来栩栩如生，
比如这座放置于乌克兰阿卢普卡沃龙佐夫宫入口处的石狮。

火成岩

在地球内部，当熔化的岩石从液体变为固体时，火成岩就形成了。有的火成岩是火山喷发后岩浆在地球表面凝固而形成的物质。

雷公蛋

岩石因其内部不同矿物的排列方式而令人着迷。几百年前，生活在北美西海岸的居民发现了一件很有趣的事：一些被剖开的岩石（有的是光滑的粉色石头，有的是透亮的水晶）里面有漂亮的图案，有的岩石里还交织着好几种颜色。从外表看，这些平平、圆圆的岩石十分普通，而里面却很特别。于是，人们便编了故事来解释这些特殊的岩石。有一种说法是，山中的神灵生气了，互掷闪电，每个闪电球里面就是一块这样的岩石。后来，人们便把这种岩石叫作"雷公蛋"。

现在，科学家已经可以解释雷公蛋的形成原因。它们是熔岩在火山喷发时形成的岩石，但不是每座火山或者每次火山喷发都能形成雷公蛋。只有在火山喷发出流纹岩时，才会产生雷公蛋。流纹岩是由几种不同的矿物混合而成的物质，厚重而黏稠。它从火山口溢出后冷却下来，然后变硬成为固体岩石。流纹岩中不同矿物的冷却速度不同，有的会先变硬。这就是我们常常能在一块包含不同种类矿物的矿石中看到一大块单独的矿物质的原因。当雷公蛋内部的矿石冷却后，其外部还是液体状，并和内部岩块冲击，然后硬化。人们经常锯开雷公蛋观赏它内部漂亮的花纹。将它们放在橱柜里会很好看。

去哪儿找： 从茂密的森林到干旱的沙漠，雷公蛋遍布世界各地。俄勒冈州以盛产雷公蛋而闻名。

黑曜石

黑曜石是一种火成岩，是在熔化的岩浆冷却太快、还没来得及形成结晶时形成的。黑曜石常常凝固在岩浆流的边缘、火山穹顶以及岩浆和水接触的地方，光滑的玻璃状质地，常为黑色，也有棕色、绿色，极少情况下呈黄色、橙色或红色，甚至棕色和黑色混合。黑曜石曾经普遍被用来制作箭头。

去哪儿找： 火山活动频繁的地方会有很多黑曜石生成。在南美洲、中美洲、欧洲、日本、印度尼西亚、新西兰、俄罗斯和北美洲分布较多。美国的内达华州、新墨西哥州、亚利桑那州、爱达荷州、怀俄明州、俄勒冈州、华盛顿州和加利福尼亚州等均有分布。

火山岩

当熔岩从火山喷出、冷却凝固后，便形成火山岩。火山岩属于火成岩，其外观因岩浆的类型、冷却的速度不同而各不相同。有的火山岩如黑曜石为黑色的玻璃质感物质，有的呈水滴状或海绵状，比如浮石（岩浆浮渣冷却形成的泡沫状物质，轻到可以漂浮在海水中）。炽热的岩浆在冷却时被风吹成细丝，形成一种火山玻璃物，这种在风力作用下形成的火山玻璃物叫作火山毛。

去哪儿找： 在有过火山运动的地方都可以找到火山岩，比如意大利、墨西哥、法国，以及美国华盛顿、亚利桑那州、新墨西哥州和夏威夷。

沉积岩

沉积岩不是在地球内部形成的，而是在地球表面的海洋、河流和沙漠中，由一层层的泥沙和其他沉积物被掩埋变硬后形成的。由于岩石分层形成，使得最老的岩层位于岩石的最底部。根据它们的成分，科学家能推测出很多关于地球历史的知识。

白垩岩

　　白垩岩是一种石灰岩（见下页），由一种叫颗石藻的微生物的方解石壳构成。这种微生物生活在海洋中。它们死去后飘落到海底，被食腐动物取食，但是外壳保存了下来。几个世纪后，数万亿的微小贝壳堆积在海底。来自上面泥沙和水的重量最终把它们挤压成石头，这种石头称为白垩岩。英国多佛尔白色悬崖就因其主要成分是白垩岩而闻名。

去哪儿找：白垩岩分布在世界上很多地方，包括美国、埃及、以色列、澳大利亚和欧洲西北部的大部分地区。

燧石

　　燧石是石英的一种沉积岩形式，常出现在白垩层和其他类型的石灰岩中。燧石没有特定的颜色，常见的有灰色、白色、黑色和棕色。因具有锋利的边缘，燧石在古代是很受欢迎的劳动工具。用它敲击钢或铁时能产生火花，因此想确认你捡到的是不是燧石，可以试试能否在钢或铁上面擦出火花。

去哪儿找：燧石在世界各地都有分布，经常在小溪、河床和湖岸边被发现。

石灰岩

一些岩石适合收集是因为它们很好玩。石灰岩就是其中一种。

石灰岩由水生动物的壳和骨架形成。当动物死去时，肉体慢慢腐烂，壳被保留下来。这些壳主要由碳酸钙构成。一部分钙溶解到水中，但大部分沉入海底。碳酸钙颗粒一般都小到肉眼看不到，但是当数以万计的颗粒堆积在一起时，就形成了精美的沙状沉积物。和这些沉积物混合在一起的是更大块的贝壳，这些贝壳因为被埋在沉积物里而没有被分解掉。几千年来，数十亿的海洋动物死亡，它们的尸体堆积成沉积物的海床。

这些沉积物是如何变成石头的呢？答案是压强。当很多重量压在沉积物上时，就产生了压强。一些重量来自水。水比它看起来要重。你可以自己试试，拿一个轻的牛奶壶，感受下它有多轻。然后灌满水，带着它走几分钟。很重，对吧？现在想象一下在海底有好几平方千米的水压在你头上。这会产生很大的压强。实际上，就是因为压强，人类无法进入深海。即使有呼吸装置来帮助呼吸，人类也只能潜水到121米深的地方，并且只有经过特殊训练的潜水员才能到达这个深度。另外一些重量来自落在沉积物上面的一些物体，如泥沙或更多的钙质沉积物。几千年来的压力把沉积物中的水分挤出，使每一部分紧密地挤在一起。这就是石灰岩的形成过程。

你可以用石灰岩做一个小实验。将少量醋倒在石灰岩上，你就能看到石头"嘶嘶"地冒泡。这是因为它们发生了化学反应。醋里有种温和的酸性物质可以侵蚀石灰岩。

去哪儿找：有大量因为侵蚀或其他力量而暴露出来的沉积岩的地方，就一定有石灰岩。

太空陨石

我们知道，在太阳系中有八大行星（水星、金星、火星、木星、土星、天王星、海王星以及地球）[1]围绕着太阳转动。其实，还有一些物体也在围绕着太阳运动。小行星是比较小的行星，主要物质是岩石，大多盘旋在木星的轨道内。彗星与其相似，携带着大量的冰晶类物质。它的轨道通常是离心圆，也就是说它绕着太阳运行的轨道不是正圆形，而是倾斜的椭圆。当彗星接近太阳的时候，太阳辐射把它携带的冰晶变成了气态的可见光环。拖在彗星后面的部分叫作彗尾。许多类似小行星和彗星的物体都围绕着太阳运动。比米粒大但小于 1 米的物体叫作流星体。有时，流星体飞入地球的大气层，在大气层中燃烧，产生一道明亮的光，这就是我们说的流星。到达地面的流星体就是陨石。虽然绝大部分太空陨石在大气层中燃烧成灰烬或者掉入了大海，但仍有不少落入地球表面。近年来，有超过 40 000 块陨石被科学家或者所谓的"陨石猎人"找到。有些陨石和鹅卵石一样小，有些则更大。

理论上，公共区域里发现的陨石应当归政府所有，而私人领地里发现的陨石应该属于个人所有者，但大量掉落在美国西部的公共区域上的陨石的所有权有待商榷。不同地区的政策不同，如果你想自己去寻找陨石，首先得弄清楚那个地区的政策和法规。

提示：你找到陨石的机会非常渺茫，这些天外来客比黄金甚至钻石更为罕见。如果是我，我会先从沙漠或者冰雪覆盖的地方开始寻找。这是因为，由于缺少雨水的侵蚀，掉落在沙漠的陨石会一直暴露在它落下的地方，一般改变很小；而光亮的雪地与黑色或深灰色的陨石形成了极少鲜明的对比，很容易被发现。陨石猎人寻找陨石的一个重要装备是金属探测器。陨石中含有铁和镍，用金属探测器探测比用肉眼更容易发现它们，这也是快速分辨普通岩石和太空陨石的好办法。

---

1. 2006 年 8 月 24 日，布拉格国际天文学联合大会决议将冥王星定为太阳系的"矮行星"，而将其排除在行星行列。——编者注

目前，被发现的最大陨石的体积为2.7米×2.7米×0.9米。
它是一个奇怪的长方体，这降低了
它进入大气层的速度，避免在掉落地面时碎裂。

陨石

陨石是从太空掉落的岩石碎片。有的来自两个小行星撞击时产生的碎片，有的来自小行星撞击月球或火星等天体产生的碎片。不管怎样，它们都能算作是一个"宇宙"：由小行星产生的陨石可能和我们的银河系一样古老（超过45亿岁），而来自临近星球的陨石则年轻一些。

根据不同的组成成分，陨石可以分为3种类型：主要成分为岩石的石陨石；主要成分为铁镍合金的铁陨石；既含有岩石也含有金属的石铁陨石。其中，石陨石最常见，但由于它很像普通岩石，所以很容易被忽视。因带有磁性，铁陨石更容易被识别和定位，也更容易收集。有些陨石中甚至还含有水晶、钻石之类的宝石。

大多数陨石都非常小，但地球上也有许多大陨石留下的撞击坑。关于恐龙灭绝的一个假说就是巨大的陨石撞击了尤卡坦半岛带来了大灾难：炙热的尘埃云蔓延了整个地区，遮蔽了阳光，同时伴随着大量的火灾、地震和海啸。

左图的这种石陨石因为看起来像普通的岩石，很容易被忽略，而上图的铁陨石更容易被肉眼分辨出。如果你找到一块陨石，记得先找科学家登记再放进橱柜。科学家可以告诉你这块陨石的一些信息，或许还能恢复这块陨石的数据，来帮助他们研究宇宙。

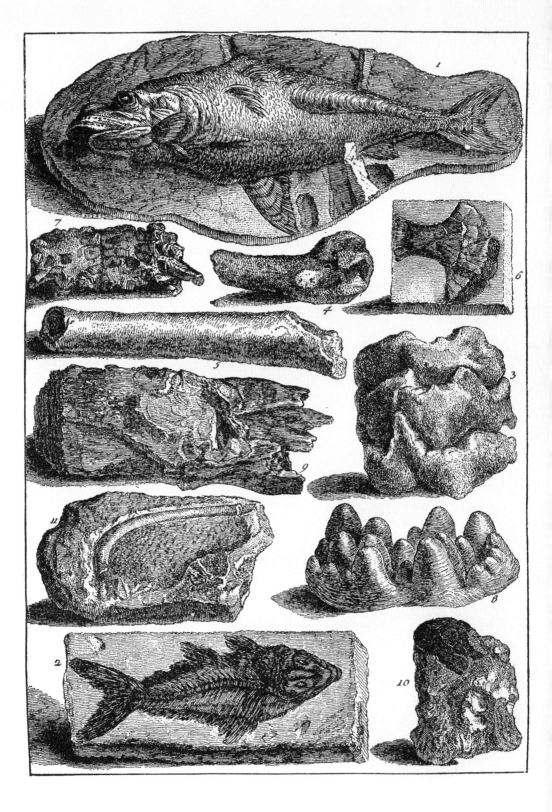

化石（和史前遗迹）

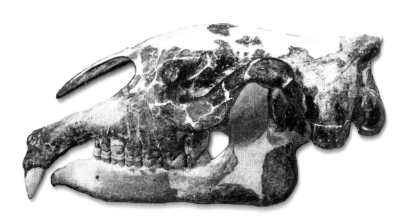

这是巨犀的头骨。巨犀是犀牛的亲戚，现已经灭绝，曾是地球上最大的哺乳动物（高度超过4.8米）。

生物会留下各种痕迹。比如，我们知道很多史前生物是因为它们曾经留下的足迹。这些生物在走过泥泞的地面时，将足迹保存了下来，后来足迹经过硬化变成了岩石。这只是化石的一种形式。另外一种化石是骨骼化石。通常来说，由于食腐动物的啃食、天气的影响，大多数骨骼会慢慢地腐烂或被破坏，但有时骨头的某一部分甚至整个骨架会被保存在岩石里，形成骨骼化石。最著名的骨骼化石是恐龙化石。此外，还有一些其他动物留下的化石。1922 年，博物学家安德斯率领探险队发现了一件比人高的腿骨化石。这件化石属于一只巨犀。巨犀是一种巨大的和犀牛有亲缘关系的哺乳动物，但现在已经灭绝了。

这些发现和研究化石的人被叫作古生物学家。他们在全世界搜寻化石，并将它们从岩石中挖掘出来。化石会出现在各种意想不到的地方。海洋生物的化石可能出现在完全没有水的地方，甚至是世界最高峰珠穆朗玛峰。据此，科学家推测这里在很久之前是一片汪洋。

像石灰岩一样的沉积岩是最容易发现化石的地方，比如沙滩或者采石场。虽然化石多在岩石中，但也有许多隐藏在平原地区。

三叶虫（三叶虫纲）

动物界
节肢动物门
三叶虫纲

三叶虫是一类最古老的生物。它生活在距今 5.2 亿 ~ 2.4 亿年前的古生代。科学家认为它是甲壳纲动物和昆虫的亲戚。

去哪儿找： 从亚洲南部的喜马拉雅山脉到莫哈韦沙漠的死亡谷，三叶虫在各大洲都有分布。

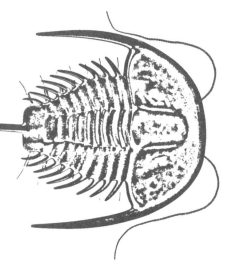

三叶虫在地球上存在了 3 亿多年，在二叠纪大灭绝中和其他很多海洋动物一起灭绝。现生动物中，和三叶虫亲缘最近的是鲎。

在中世纪，人们认为菊石化石
是石化了的蛇的残骸，
所以在古代它被叫作"蛇石"。

菊石（头足纲）

动物界
软体动物门
头足纲

菊石出现于距今 4 亿 ~6 500 万年之间。它是早已灭绝的史前生物。菊石是一类长得和鱿鱼很像的海洋生物，具有扁平的螺旋状贝壳，种类间的大小差异很大。最小的菊石如指甲盖般大小，最大的菊石有 60~90 厘米宽。

去哪儿找[1]： 菊石是至今发现的最丰富的化石类群之一，在世界上广泛分布。

---

1. 在中国广西、贵州、青海和西藏等地区的海地层中均有发现菊石化石的记录。——编者注

鱼化石

　　泥盆纪被认为是鱼类的时代，指 4 亿年前不可思议的鱼类大爆发时期。很多新鱼种有着强而有力的颌骨和锋利的牙齿，它们是现代鲨鱼和鳐鱼的祖先。在全世界的岩石和湖盆中都能发现泥盆纪的化石。其中，硬骨鱼化石是最容易保存的化石。

去哪儿找： 鱼化石在淡水和咸水中都很常见。落基山脉是世界上寻找鱼化石最好的地点之一。

腔棘鱼被称为"活化石"。很多年来我们都只见过它的化石，曾一度认为它已经灭绝了。直到1938年一位渔夫在南非海域捕捉到一条活的腔棘鱼。迄今为止，这个物种已经生存了4亿年。

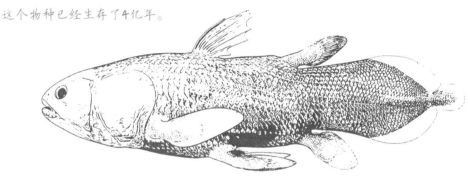

琥珀和树脂

由史前植物分泌的树脂形成的化石叫作琥珀。树脂是一种由植物分泌出的黏稠液体，用来阻止昆虫和其他动物啃食植物。有时蚊子或其他昆虫会被困在树脂中，随着树脂慢慢硬化为琥珀，蚊虫也得以在里面保存几十万甚至数百万年。这样一来就留下了两种化石：首先，琥珀本身就是一种化石，它曾经是树的一部分；其次，蚊虫也变成了化石。琥珀通常呈橙红色或者黄色。在多米尼加共和国还有一种十分罕见的蓝琥珀。

去哪儿找：琥珀在全世界都有分布，常见于欧洲、亚洲和美洲。

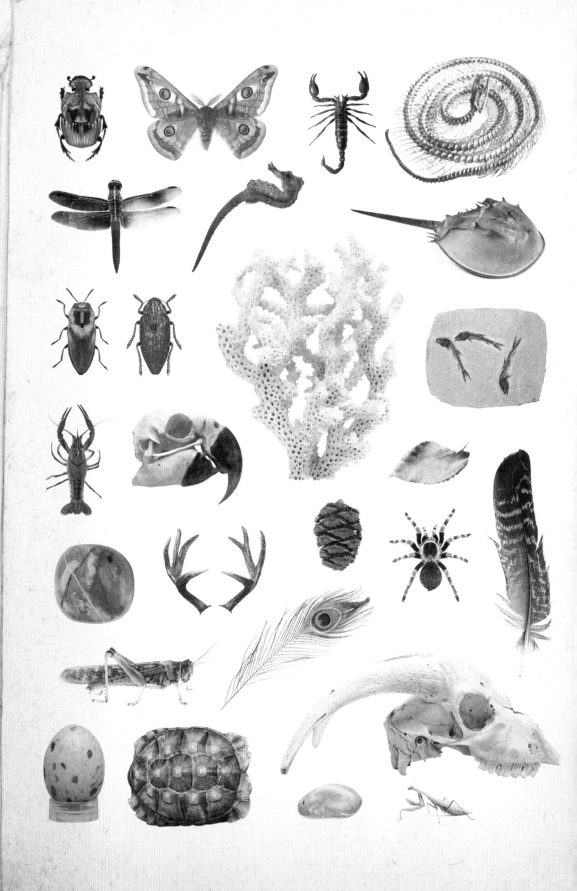

后 记

珍惜好奇心

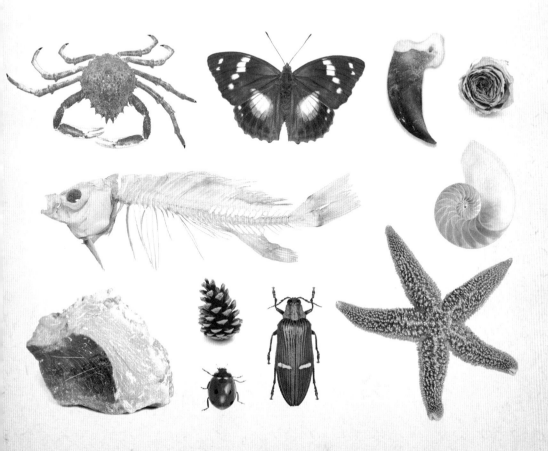

好奇心（名词）

1. 通过研究或调查，去寻找新奇事物或发现未知事物的
   强烈欲望；看到新奇之物的视觉满足或是有了新发现
   的心灵满足感；求知欲。

2. 准确、精致。

3. 精度、精确、不错的性能、好学、对工艺的好奇心。

4. 好的尝试、不同寻常或者值得好奇的事。

5. 珍品、激发欣赏和寻找奇珍异宝的欲望。

——摘自《韦氏词典》，1828 年

自然界有太多美丽和珍奇的宝藏，这本书是远远不能完全收入的。我对这本书的期望不是消除你对这些美好事物的好奇心，而是激发你更多的好奇心。我们生活在一个专业化的时代，人们往往只专注于一项事业或者擅长一个领域，但是每个人都可以更博学一些。我们都是探险家、环保者和天生的收藏家。收集纪念品只是我们欣赏自然之美的一种方式。给这些纪念品编目和分类，是为了方便我们认识这些在野外容易混淆的宝贝们。从最小的生物到史前遗迹，我们可以从自然收集物中获得智慧。每当你的橱柜增加一件收集物，你就加强了和身边众多生物之间的联系——你不但是生物多样性的一部分，同时也是见证者。你也成为人类历史上致力于保护和记录历史的一分子。

　　如果不是几百年前收藏家和艺术家们的收集物，我们可能永远都不会知道这个星球上曾经生活着一种叫作恐龙的生物。如果不是古生物学家、植物学家以及早期探险家的收集物，我们可能现在还认为菊石是石化的蛇骨架，毛茸茸的犀牛头骨是恐龙的遗迹。人类天生就充满了好奇心。这使我们成为万物之一，并且有能力去理解我们周围的其他生物。这也让我们懂得如何定位人类在生物中的位置——我们只是动物界脊索动物门哺乳纲灵长目人科人属的一员。

希望你也能从收集中获得乐趣！

致谢

非常感谢编辑、摄影师、设计师和赋予这本书生命的工作人员，尤其是拉奎尔·哈拉米略。他构想和设计了这个项目，并指导我完成了本书的撰写。在收集自然宝藏时，特雷西、帕克、贝克特和格里芬给予了我极大的帮助。特别感谢达西艾莉森，她借给了我很多写作材料。

作者简介

戈登·格赖斯，《红色沙漏：掠食者的生活》、《致命的动物》和国家地理的电子书《鲨鱼袭击》的作者。他在《纽约客》杂志、《哈珀》杂志和探索频道中多次发表有关野生动物与保护的文章。现居于美国威斯康星州。

个人网站：gordongrice.com

图片

123RF: anyka p. 64（上）. Alamy Images: Chris Cheadle p. 143; The Natural History Museum p. 7（右上）. Reprinted with permission by Dover Publications, Inc.: endpapers, p. 16, 26, 28, 30, 32, 34~35, 36, 38, 39, 42（下）, 43（下）, 44（下）, 45（下）, 48（下）51（下）, 52, 55, 56（下）, 57（下）, 59（下）, 70, 72, 88, 103, 121~122, 130, 138, 152, 164, , 176~178, 204. Forestry Images: Mark Dreiling, Retired, bugwood.org, p. 97（下）; Pennsylvania Department of Conservation and Natural Resources - Forestry Images, bugwood.org p. 105 . Fotosearch: Epantha p. 94; Nightfrost p. 186. Getty Images: Jelger Herder/ Buiten-beeld p. 148; Dave King/ Dorling Kindersley p. 68; Robert Llewellyn/ National Geographic p. 182; Joel Sartore/National Geographic p. 113（上）. Gordon Grice: Gordon Grice p. 8. iStockphoto: Philip Cacka p. 187; dmitriyd p. 210（中）; DPFishCo p. 145; DrPAS p. 59（上）; efesan p. 208（中、下）; HelpingHandPhotos p. 170（下）; Janderzel p. 212（上）; nicoolay pp. 44（左）, 86（右）; photodeedooo p. 149; Jeff Sinnock p. 133; spxChrome p. 74. shutterstock.com: 3drenderings p. 222（下）; aboikis p. 41（下）; Africa Studio p. 211（砂金）; alslutsky p. 128（上）; Andrii_M p. 191; androfroll p. 188; Archiwiz p. 209（下）; Vladimir Arndt p. 169; Artography p. 214; AsyaBabushkina p.207（上）; O.Bellini p. 161 ; Tom Biegalski p. 119（上）; bluehand p. 79; brandonht p. 219（下）; Joy Brown p. 75（上）; Andrew Burgess p. 137; Butterfly Hunter p. 115（上）; Carlos Caetano p. 11（右 上）; VladisChern p. 92 ; Suphatthra China p. 83（下）; OpasChotiphantawanon p. 141; Marcel Clemens p. 211（铜矿石）, 219（上）, 224（上）; Coprid p. 10（右上）, p. 58（上）; deepspacedave p. 47（左 上）; Designua p. 53; dmitriyd p. 212（中）; Dmitrydesign p. 174; eye-blink p. 120; Melinda Fawver p. 60（冠蓝鸦、库氏鹰、鹗、火鸡、北扑翅裂）, 116, 127（上）, 135; BW Folsom p. 160（上）; fotomak p.132（下）;

Fotyma p. 183；Furtseff p. 47（左中）; MIGUEL GARCIA SAAVEDRA p. 223 ；KopytinGeorgyore p. 211（银矿石）; Grey Carnation p. 140; Tom Grundy p. 173; Jacob Hamblin p. 115（下）; Harry studio p. 168; Steve Heap p. 97（上）; David HerraezCalzada p. 222（上）; hjochen p. 225; JIANG HONGYAN p. 124; Horiyan p. 11（左下）; humbak p. 216（下）; ID1974 p. 170（上）; ifong p. 134（下）; image factory p. 100; Gabriela Insuratelu p. 114; irin-k p. 109, 123（上）, 125（右）; Eric Isselee pp. 84，146; Andre Jabali p. 50; JK1991 p. 65（上）; IuriiKachkovskyi p. 54; kanate p. 20～21, 22, 24～25, 27, 29, 31; MirekKijewski p. 113（下）; kornnphoto p. 184; OleksandrKovalchuk p. 157；Henrik Larsson p. 91（右）, 108; Dario Lo Presti p. 213; Lostry7 p. 10（右中）; Charles Luan pp. 202 ～ 203; lynea p. 162; PiyadaMachathikun p. 193; tea maeklong p. 104（左 下）; Cosmin Manci p. 104（左下2, 右下1, 右下2), 106（左）, 107; Willequet Manuel p. 10（左中）; Fribus Mara p.80; marekuliasz p. 11（左 中）; marylooo p. 175; Marzolino p. 156; Richard A McMillin p. 119（下）; michal812 p. 210（石膏）, 217; Chris Moody p. 101; EvgeniyaMoroz p. 56（上）; Morphart Creation p. 33, 48（左中）, 61，66（上）, 67（下）, 82（右，左）, 112（右1, 右2), 117, 139, 189, 194（下）, 195, 198～199, 220; mycteria p. 60（草原松鸡）; Myibean p. 128；nednapa p. 134；NeydtStock p. 192（上）; Hein Nouwens p. 58（下）, 65（下）, 112（左1), 118; oksana2010 p. 196～197; optimarc p. 207（萤石）, 215; Pantera p. 172; paulrommer p. 126; photka p. 185; Picsfive pp. 2, 21, 22, 24～25, 27, 29, 31, 39, 61, 92～93, 109, 111, 119, 156, 159, 171; picturepartners p. 71, 160（下）; BoonchuayPromjiam p. 60（金刚鹦鹉）; ArunRoisri p. 45（右上，右中，右上）, 49（左上）; roroto12 pp. 198（上）; Denis Rozhnovsky p. 136; IgorsRusakovs p. 10（左上）; Olga Rutko p. 82（中）; S-F p. 123（下）; Petr Salinger p. 187, 200; www.sandatlas.org p. 216（上）; schankz p. 60（珠鸡）; science pics p. 224（下）; sevenke p. 167（上）; Sergey Shcherbakoff p. 144; Eugene Sim p. 163（上）; Angel Simon p. 194（上）; small1 p. 60（美洲红鹮，紫蓝金刚鹦鹉）; Carolina K. Smith MD p. 95; DejanStanisavljevic p. 43（上）; Alex Staroseltsev p. 150; Stocksnapper pp. 42（下）, 112（左2）; Taigi p. 192（下）; PalokhaTetiana p. 34-35, 144-145, 162-163; RonnarongThanuthattaphong p. 10（右下）; Jeff Thrower p. 111; torikell p. 57（上）; Luis Carlos Torres p. 11（左上）; totophotos p. 142; Triff pp. 208（蛇纹石）, 209（虎睛石，碧玉）, 210（玛瑙）; Marco Uliana p. 104（左上1、左上2、右上1、右上2), 106（右）; Pavel Vakhrushev p. 211（愚人金）; YevhenVitte p. 11（右中）; Vizual Studio p. 10（左下）; VL1 p. 10（右中）; KirsanovValeriy Vladimirovich p. 91（左）; vvoe p. 213（上）; Wallenrock pp. 40, 44（上）, 45（上）83（上）; Peter Waters p. 93, 125（左）; xpixel p. 85（102）, 132（上）; Pan Xunbin p. 75（下）,76; SutichakYachiangkham p. 190（上）; Mr. SuttiponYakham p. 127（下）; yevgeniy11 p. 47（左下）; Feng Yu p. 60（横斑林鸮）. Workman Publishing, Co, Inc.: Raquel Jaramillo: p. 4, 12，98, 158, 167（中，下）；Tae Won Yu: pp. 41, 42（上）, 48（上）, 49（右上、右中、右下）, 51（左）, 62～63, 64（下）, 66（下）,67（上）,68（下）, 77, 78（上）, 81, 84, 86（左）, 155, 228.